ゼロからはじめる
建築の[**数学・物理**]教室

原口秀昭 著

彰国社

はじめに

ニュートンって何？ ジュールって何？ 重さと質量は違うの？ kgfってkgとどう違うの？ logってどういう意味？ ベクトルはどんなときに役に立つの？ 微積分って何に使うの？ 弧度や立体角ってなぜ必要なの？

大学の研究室にいると、このような基本的な質問をしに、多くの学生がやってきます。別に構造力学や環境工学を教えているわけではありませんが、数学、物理、化学といった理系の基礎的な力がしっかりと身に付いていない学生が多く、困っていました。質問をされるたびに時間をかけて説明していましたが、あまりに何度も同じ質問をされるので、どうしたものかと悩んでいたところでした。

そこで、インターネット上のブログに、毎日少しずつ、基本事項を書いていき、それを学生に毎日見てもらうことにしました。そうすれば、ニュートンやジュールを何度も説明しなくてすみます。
（ブログ：http://plaza.rakuten.co.jp/haraguti/）

しかし、問題が出てきました。文章だけのブログでは退屈なうえにわかりにくく、学生が読んでくれないのです。そこで、ひと目で説明内容がわかるように、マンガを付けることにしました。最初は落書きのようなイラストでしたが、時間とともに次第にまともな絵になっていきました。私は漫画塾という専門学校に何年か通っていたこともあり、マンガはある程度描いてはいましたが、それを学生のために役立ててみようと考えたわけです。

学生のために書いていたブログを見た彰国社の中神和彦さんに、本にしないかと言われたのが、本書を出版するきっかけでした。私のいる大学だけでなく、他大学の工学部建築学科の学生や専門学校の生徒でも、数学や物理を苦手とする人が多いという話を聞いたからです。デザインはやりたいけど、理系の知識に自信がない。そんな人が案外多いそうです。

ちなみに私の知り合いの建築家も、ニュートンの意味がわかっていないので、驚かされたことがあります。国際単位系（SI）への移行に伴い、コンクリートの強度の表記もkg/cm^{2}からN/mm^{2}へと変わっていますが、N（ニュートン）がわかっていないと、強度を理解しないまま建物をつくってしまうことになります。という意味で、実務家にも本書は役に立つはずです。

並んでいる順番は、建築の勉強や試験などに直結する順となっていま

す。まずニュートン、ジュールなどの勉強からです。この辺で引っかかる人が大勢います。そのニュートンを知るには、運動方程式を知らなければなりません。そして、質量、重さの違いも理解する必要があります。グラフの知識、微積分の知識は、一般的、汎用的である分、実践からはほど遠い位置にあります。そこで、そのような一般論的な数学は、あと回しにしてあります。一般論から入る大学の授業にうんざりしている読者、あるいは高校で習った記憶はあるけど忘れてしまった読者には、うってつけの内容だと自信を持っています。

本書を頭から読み進むことにより、数学や物理の基本、おまけに少なめですが化学の知識も頭に入り、しかも建築の勉強や試験に役立つようにまとめています。なかでも建築にとっての超重要事項は、何度もしつこく繰り返しています。

各項目は、約3分で読み終わり、記憶できるような分量にしています。ボクシングの1R（ラウンド）です（本文ではR1などと表記しています）。学生が飽きずに読みつづけられるようにしたためです。頭も体と同様に、本当に集中できるのは3分です。本書を1R3分ずつ進んでいけば、アッという間に数学、物理の基本をマスターできるでしょう。それでは第一ラウンドからはじめましょう！

ブログを本にと勧めてくれ、アレンジしてくれた編集本部の中神さん、そしてサポート役の尾関恵さん、多くの質問を寄せ、コピーなどの雑務をこなしてくれた学生たちに、この場を借りてお礼申し上げます。

2006年11月

原口秀昭

も く じ　　　　　　　　　　　　**CONTENTS**
はじめに…3

1　運動方程式
運動方程式…8　質量と重さ…9　速度…17　「m/s」の読み方…18
加速度…19　「m/s²」の読み方…20　重力加速度…21　N…22

2　エネルギーと熱
J…31　kgfとcal…38　W…39　N、J、Wの復習…43
K…45　電流…48　電力…51　比熱…55　熱容量…58

3　ヘルツとパスカル、酸性とアルカリ性
Hz…63　Pa…64　ha…66　hPa…67
酸性とアルカリ性…68　酸化…74

4　弧度と立体角
弧度…76　円と球…79　立体角…80　単位円・単位球…84
立体角投射率…86

5　ベクトル
ベクトル…96

6　力
力…116

7　三角形の比
三角形の比…127

8　指数と対数
指数…147　対数…155　指数・対数…170

9　比
比…178

10　気体
気体…193

11　波と振動
波…198　振動…212

12　グラフ
グラフ…229

装丁＝早瀬芳文
装画＝内山良治
本文デザイン＝鈴木陽子

ゼロからはじめる
建築の[数学・物理]教室

運動方程式

Q 運動方程式とは？

A 力＝質量×加速度（F = ma）

ニュートン、kgf（キログラムエフ）、ジュールなどの単位を理解するには、運動方程式からはじめるのがいいでしょう。運動方程式は次式で示されるように、力、質量、加速度の関係を示す式です。

　　力＝質量×加速度

力をF（Force）、質量をm（mass）、加速度をa（acceleration）とすると、

　　$F = ma$

となります。力とは、質量に加速度をかけたもの。高校物理で習う式ですが、忘れている人、知らない人はここで覚えておきましょう。

[スーパー記憶術]
<u>力</u>　は　<u>しっ</u>　<u>か</u>　<u>り</u>　<u>かける</u>
<u>力</u>　＝　　質量　×　加速度

質量と重さ　その1

Q 質量とは？

A 動かしにくさ、加速しにくさを表す量

運動方程式では、質量×加速度が力となっています。質量が大きいと、同じ加速度を与えるのに、力が余計に必要です。1kgの物体と2kgの物体に、同じ加速度を与える場合、2kgの方には2倍の力が必要となります。
すなわち、「質量とは動かしにくさを表す量」ということができます。

質量と重さ その2

Q 3kgの物体を月に持っていった場合、質量と重さは？

A 質量は同じ、重さは軽くなります。

3kgの物体の質量は、地球でも月でも3kgです。質量は、重力が変わっても同じです。一方、重さは地球と月とでは変わってしまいます。月では重力が約1/6になるからです。

一般に、質量3kgの物体の重さは、「3kgf（キログラムエフ）」とか「3kg重（キログラムじゅう）」と表現して、質量の3kgと区別します。ただし、重さなのに「f」や「重」が省略されていて、質量の3kgと混同されてしまう場合も多くあります。

「3kgf」「3kg重」とは、「3kg」の質量の物体の重さ、**質量3kgの物体を地球が引く力**のことです。重さとは力のことであり、質量とは違います。

3kgの物体を月に持っていくと、月の引く力は弱いので、重さは地球で計った3kgfよりも小さくなります。地球上でバネ計りで計ると、3kgfだったのに、同じバネ計りを月に持っていって計ると、3よりも小さい数字、約0.5kgfになってしまいます。月が地球よりも小さく、月の引力も小さくなるためです。

[まとめ]
質量 → kg、g：動かしにくさの指標
重さ → kgf、kg重、gf、g重：地球が引く力

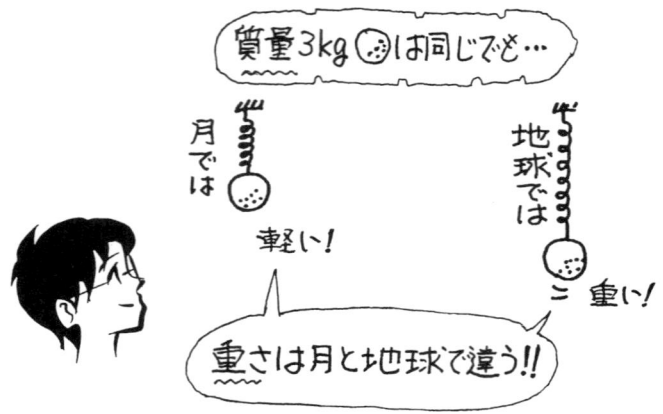

★ R004　　　　　　　　　　　　　　　質量と重さ　その3

Q 質量と重さの単位は？

A 質量の単位は、kg、g、tなど。重さの単位はkgf、kg重、gf、g重、tf、t重など

重さとは地球の引く力なので、質量と区別します。質量1kgの物体の重さは1kgfとか1kg重と、fや重を付けて表現します。

「質量と重さは違うんだ！」

質量 ⇨ kg、g、t など
重さ = 力 ⇨ kgf、kg重 など
　　　　　　（fか重が付く）

★ R005 質量と重さ　その4

Q 質量と重さはどう違う？

A 質量とは、動かしにくさの単位、加速しにくさの単位、慣性の単位です。一方、重さとは、地球が引く力、引力、重力の単位です。

リンゴが100gといった場合、質量が100gです。質量とは、動かしにくさの単位です。動かしにくいとは、加速度を与えにくいということです。100gのリンゴは、50gのリンゴに比べて、同じ加速度を与えるのに2倍の力が必要です。

質量100gのリンゴにかかる重さは、100gf（グラムエフ）とか100g重（グラムじゅう）と書いて区別します。重さは力であり、**重さ＝地球の引く力＝重力**です。

地球上では、質量100gのリンゴの重さは100gfか100g重です。質量100gのリンゴにかかる重力は100gfか100g重です。

gは質量の単位、gf、g重は力の単位です。ここではっきりと区別して覚えておきましょう。

　　質量 → 100g
　　重さ → 100gf 、 100g重（力の単位）

一般には、この両者は混同して使われることがしばしばあります。100gの力とは、正確には100gfの力とか、100g重の力といわなければいけません。

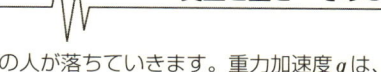

質量と重さ　その5

Q 質量50kgの人と、質量100kgの人が落ちていきます。重力加速度gは、どちらが大きいでしょうか？

A 重力加速度gは、どちらの人も9.8m/s^2で同じです。どんな物体も、落ちるときは、9.8m/s^2の加速度でスピードが増えていきます。

重力加速度は、地球上ならば、どんな物体でも常に9.8m/s^2です。
ただし加速度は、空気抵抗によって変わることがあります。大きい人の方が空気抵抗が大きいので、加速度は小さめになるはずです。また、地表からの距離によっても若干違いがあります。

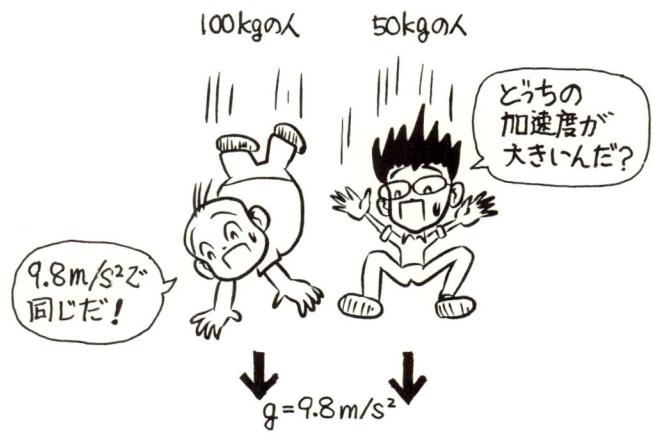

★ **R007**　　　　　　　　　　　　　　　　　　　　　　　質量と重さ　その6

Q 質量50kgの人と質量100kgの人、重さはどちらが大きいでしょうか？

A 重さ（重力）はそれぞれ50kgf（kg重）、100kgf（kg重）となり、質量100kgの人の方が2倍大きくなります。

重さとは重力、地球が引く力のことで、質量に比例します。質量が2倍になれば、重さも2倍になります。

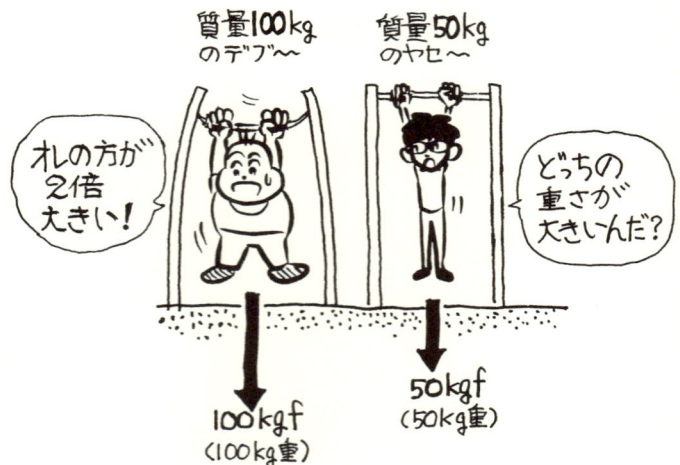

 質量と重さ　その7

Q 地球より小さい惑星に行った場合、質量と重さはどうなるでしょう？

A 質量は同じで、重さは軽くなります。

質量はどこに行っても、常に同じです。一方、重さ（惑星の引力）は、重力加速度によって決まります。小さい惑星は、重力加速度が小さいので、引力は小さく、重さも小さくなります。

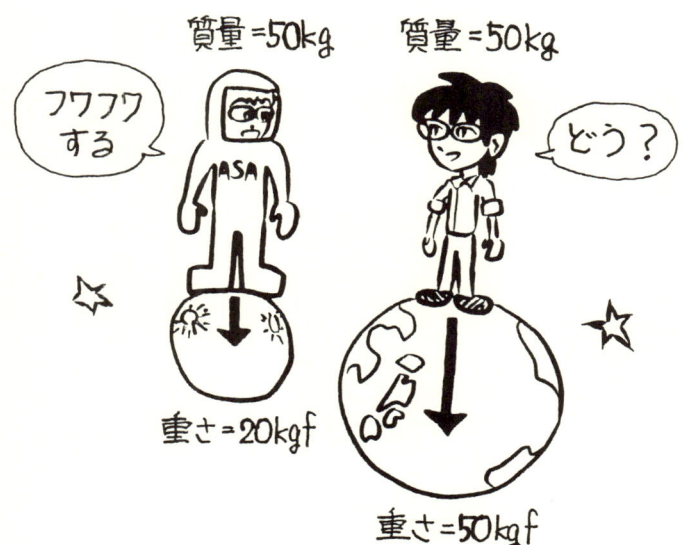

質量と重さ　その8

Q 1　質量とは？　質量の単位は？
　　2　重さとは？　重さの単位は？

A 1　質量とは、物体の動かしにくさを表す量、加速しにくさを表す量、慣性を表す量のこと。単位は、**kg**、**g**など
　2　重さとは、地球が物体を引く力、引力の大きさのこと。単位は、力の単位なので、**kgf**（キログラムエフ）、**kg**重（キログラムじゅう）、**gf**、**g**重、**N**（ニュートン）など

 速度

Q 10秒間に20m歩く人の速度は？

A 20m ÷ 10s ＝ 2 m/s

運動方程式、

　　力＝質量×加速度（F ＝ ma）

で、質量はkgやgで表される「動かしにくさを表す指標」でした。今度は加速度についてですが、その前に速度について考えます。
10秒間に20m歩く場合、速さは、

　　20m ÷ 10秒 ＝ 2m/秒

となります。秒のことはsecond（セコンド）というので、2m/秒は2m/sとも書きます。単位は、距離を時間で割ったので、単位はm/sとかkm/hなどになります。hはhourで時間のこと。

[まとめ]
ちなみに速度の単位は、m/s、km/hなどで、距離/時間で表します。
「速度」と「速さ」とでは、若干ですがニュアンスに違いがあります。
速度は大きさと向きを持つ量ですが、**速さは大きさだけを持つ量**です。
速度の場合は、たとえば東向きに2m/sとなります。向きが加わるわけです。ただし、実際に使われるときは、混同されることもしばしばです。

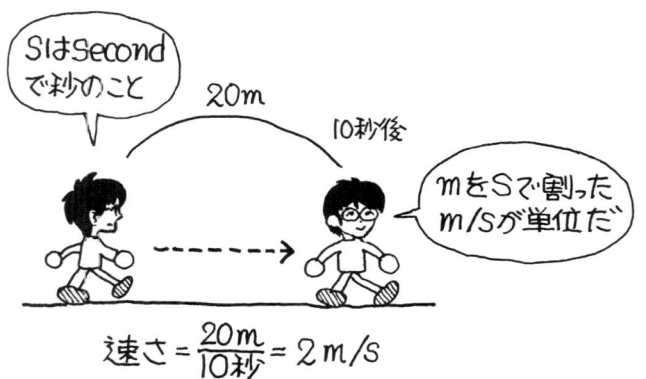

 「m/s」の読み方

Q m/sは何て読む?

A メートル毎秒、メートル・パー・セコンド、秒速○メートル

100m/sは秒速100メートル、○m/sは「秒速○メートル」と読みますが、「メートル毎秒」「メートル・パー・セコンド」といった読み方もあります。
「毎秒」100メートル進むわけですから、100メートル「毎秒」です。
また、「/」は割り算の記号で、「/秒」は「秒で割る」ことなので、「パー秒」と読むこともあります。「/s」ならば「パー・セコンド」、「/h」ならば「パー・アワー」となります。

加速度

Q 1m/sで歩いていた人が、徐々に早歩きになって、2秒後に3m/sになった場合、加速度は?

A $(3m/s - 1m/s)/2s = 1m/s^2$

運動方程式、

　　力 = 質量×加速度

で、今回は加速度についての説明です。
1m/sで歩いていた人が、徐々に早歩きになって、2秒後に3m/sになったとします。この場合、2秒かけて2m/s速度が増加したことになります。1秒当たり1m/s増えたことになります。式では、

　　$(3m/s - 1m/s)/2s = 1m/s^2$

となります。これが加速度です。速度の増える割合、1秒間にどれくらい速度が増えたかを示すものです。

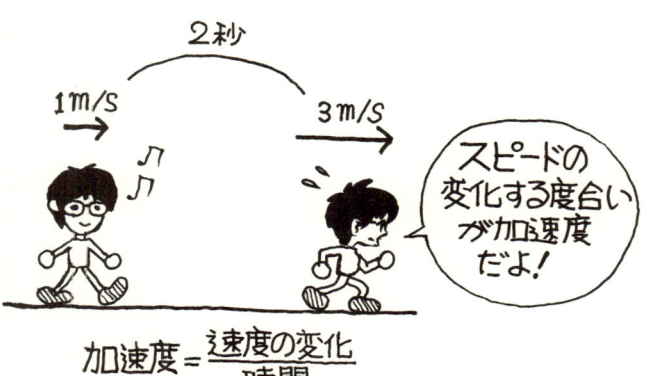

「m/s²」の読み方

Q m/s²は何て読む?

A メートル毎秒毎秒、メートル・パー・セコンドの2乗、メートル・パー・スクエア・セコンド

速度の単位「m/s」は、「メートル毎秒」「メートル・パー・セコンド」などと読みました。では、加速度の単位「m/s²」は、分母がsの2乗となっていますが、どのように読むのでしょうか?
「メートル毎秒毎秒」「メートル・パー・セコンドの2乗」などと読みます。なんだか読みにくいですが、こう読むしかありません。声に出して読まずに、目で追うか、書けばいいわけですが……。

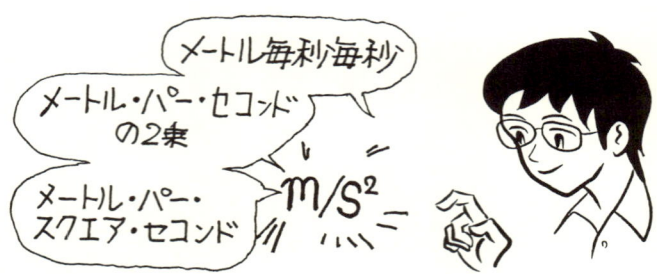

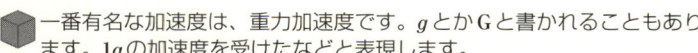

重力加速度

Q 重力加速度 g は何 m/s²？

A 9.8 m/s²

一番有名な加速度は、重力加速度です。g とか G と書かれることもあります。$1g$ の加速度を受けたなどと表現します。

重力加速度は、地球に向かって物体が落下する際の加速度で、約 9.8m/s² です。

リンゴを手から離すと、1秒後には 9.8m/s、そして 2 秒後には $9.8 \times 2 = 19.6$m/s、3秒後には $9.8 \times 3 = 29.4$m/s の速度で落ちていきます。1秒ごとに 9.8m/s 分、速度が加わっていきます。速度が加わるから、**加速度**といいます。

★ R015　　　　　　　　　　　　　　　　　　　　　　　　　　　N　その1

Q N（ニュートン）をkg（キログラム）、m（メートル）、s（セコンド＝秒）で表すと？

A $N = kg \cdot m/s^2$

「N」で表すニュートンは、力の単位です。1kgの物体に$1m/s^2$の加速度を与える力を1Nと定義しています。
運動方程式は $F = ma$（力＝質量×加速度）で、質量をkg、加速度をm/s^2を使った場合、力は$kg \cdot m/s^2$となりますが、これをN（ニュートン）と定義するわけです。
運動方程式を覚えられない人は、

<u>力</u>　は　<u>しっ</u>　<u>かり</u>　<u>かける</u>
<u>力</u>　＝　<u>質量</u>×<u>加速度</u>

と覚えましょう。
この運動方程式で、質量をkg、加速度をm/s^2とした場合の力の単位が、N（ニュートン）となります。

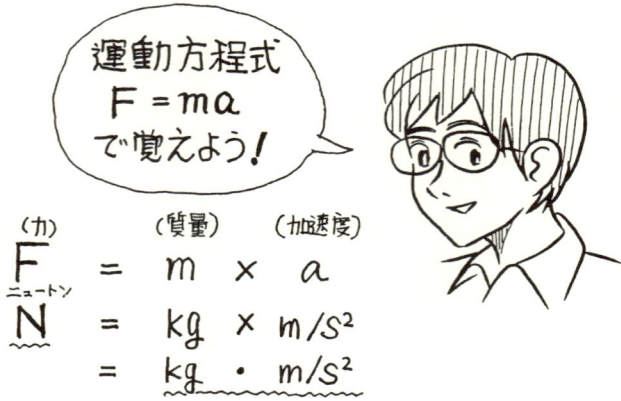

N その2

Q 質量50kgの物体に加速度2m/s²を与える力の大きさは？

A 力＝質量×加速度＝50kg×2m/s²＝100kg·m/s²＝100N（ニュートン）

kg·m/s²＝Nと覚えておいて、質量をkg、加速度をm/s²と、単位を付けて計算するといいでしょう。最後に出てくるkg·m/s²をNに置き換えるだけで完成です。ニュートンは、kg·m/s²＝Nという定義と、力＝質量×加速度という運動方程式で覚えておきましょう。

Q 質量50kgの物体に200N（ニュートン）の力をかけたら、加速度は何m/s²？

A 4m/s²

加速度を x (m/s²) として、運動方程式（力＝質量×加速度、$F = ma$）にそれぞれの数値を代入すると、

$200 = 50 \times x$
$x = 4 \, (\text{m/s}^2)$

とわかります。単位を付けて計算すると、

$200\text{N} = 50\text{kg} \times x$
$x = (200\text{N})/(50\text{kg})$
$ = (200\text{kg}\cdot\text{m/s}^2)/(50\text{kg})$
$ = 4\text{m/s}^2$

と、分子のkgと分母のkgが消し合って、m/s²だけ残るのがわかります。

$$\underset{\text{力}}{F} = \underset{\text{質量}}{m} \times \underset{\text{加速度}}{a}$$

$$200\text{N} = 50\text{kg} \times x$$

$$x = \frac{200\text{N}}{50\text{kg}}$$

$$= \frac{200\,\cancel{\text{kg}}\cdot\text{m/s}^2}{50\,\cancel{\text{kg}}}$$

$$= 4\,\text{m/s}^2$$

単位を付けて計算するとわかりやすい！

R018

N その4

Q 1kgf（1kg重）の力は何N（ニュートン）？

A 9.8N

1kgfとは、質量1kgの物体を地球が引く力の大きさです。kgfは力の単位として広く使われていますが、1kgfとか1kg重と書かずに、省略して1kgと書かれることもあります。1kgの力といった場合、正確には1kgfの力、または1kg重の力となります。

1kgの物体には、重力加速度$9.8m/s^2$がかかっています。そこで、運動方程式より、

$$\begin{aligned}
力 &= 質量 \times 加速度 \\
&= 1kg \times 9.8m/s^2 \\
&= 9.8kg \cdot m/s^2 \\
&= 9.8N
\end{aligned}$$

となります。質量1kgの物体に働く重力1kgfは、9.8Nです。

R019 N その5

Q 体重40kg（正確には40kgf）は何N（ニュートン）？

A 392N

体重が40kgfということは、質量が40kgということです。
力＝質量×加速度で、質量が40kg、加速度が$9.8m/s^2$だから、

　　力＝$40kg \times 9.8m/s^2 = 392N$

「kgfをNに換算するには約10倍する」と覚えておきましょう。

　　体重 40kgf → 約 400N
　　体重 50kgf → 約 500N
　　体重 60kgf → 約 600N

自分の体重をニュートンに直して、体重を聞かれたらニュートンで答えるようにすると、ニュートンという単位に慣れることができます。

N その6

Q 雪の荷重を、積雪量1cmごとに1m²当たりにかかる力を20N（ニュートン）とした場合、100m²の屋根に1m積もった雪の質量は何t（トン）？（重力加速度を10m/s²とする）

A 20t

 力＝質量×加速度で、$20N = x \times 10$ とすると、質量 $x = 2kg$ とわかります。

1cmで2kgですから、100cmでは200kgとなります。1m²で200kgですから、100m²では $200 \times 100 = 20000kg = 20t$ となります。

普通乗用車が約1t強ですから、車が20台近く載った重みとなっています。

建築基準法では、積雪荷重を積雪量1cmごとに1m²につき、20Nとして計算するように指示しています。この数字は、安全をみて少し大きめにしています。

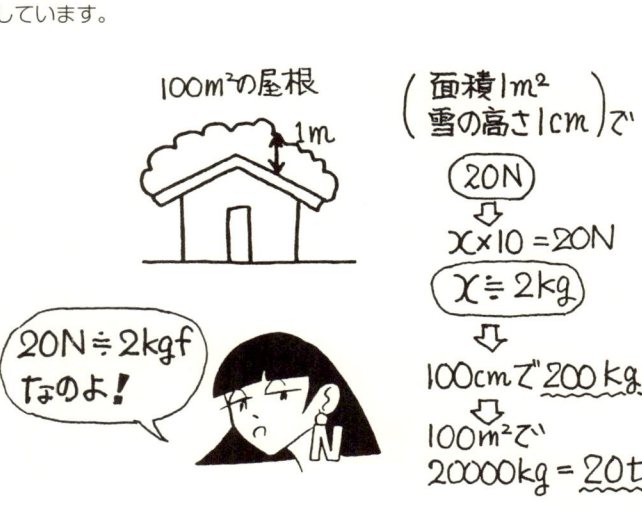

R021   N その7

Q 1tf（1t重）の力は何N（ニュートン）？

A 9800N

1tfとは、質量1t（トン）の物体を地球が引く力のこと。N（ニュートン）の定義は$kg·m/s^2$で、質量はkgを使っています。そこで、

 1t = 1000kg

とkgに直してから考えます。1000kgの物体に働く重力加速度は$9.8m/s^2$です。よって、1000kgの物体に働く重力の大きさは、運動方程式から、

 力＝質量×加速度
 　＝$1000kg × 9.8m/s^2$
 　＝$9800kg·m/s^2$
 　＝9800N

となります。1000kgの物体に働く重力が9800Nですから、1000kgf＝9800Nです。すなわち、1tf＝9800Nとなります。

R022 N その8

Q 岩盤が重さを支える力は、1m²当たり1000kN（キロニュートン）です。1m²当たり何tfとなる？（重力加速度＝10m/s²とします）

A 100tf

1kN＝1000N、1000kN＝1000×1000Nのこと。

ここで、1kgf≒10N→1N≒0.1kgfだから、

$1000 \times 1000N \fallingdotseq 100 \times 1000kgf$

1000kgf＝1tfだから、

$100 \times 1000kgf = 100tf$

となります。1m²当たり100tfまで支えられます。
建築基準法では、岩盤の支持力を1000kN/m²としています。基準ですから、安全をみて、実際の支持力よりも小さめに設定されています。
ニューヨークのマンハッタンや香港の高層ビル群は、岩盤の上に立っています。地面の支持する力がないと、沈んでしまいます。

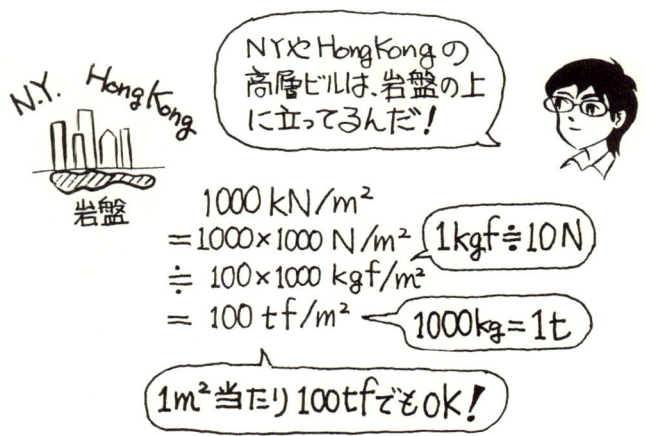

R023

N その9

Q 98N（ニュートン）は何kgf（キログラムエフ）？

A 10kgf

kgfは、そのkg数の質量の物体を地球が引く力の大きさを表します。たとえば100kgfは、100kgの物体を地球が引く力の大きさです。
98Nの力で地球に引かれるためには、どのくらいのkg数がいるかを考えます。そのためには、やはり運動方程式を使います。質量をxとして、力＝98N、加速度$=9.8m/s^2$を式に当てはめると、

力＝質量×加速度
$98N = x \times 9.8m/s^2$
$x = (98N)/(9.8m/s^2)$
$ = (98kg \cdot m/s^2)/(9.8m/s^2)$
$ = 10kg$

とわかります。10kgの物体は、98Nの力で地球に引かれます。ということは、98Nの力は、10kgfと同じということです。10kgfとは、10kgの質量の物体を地球が引く力の大きさだからです。

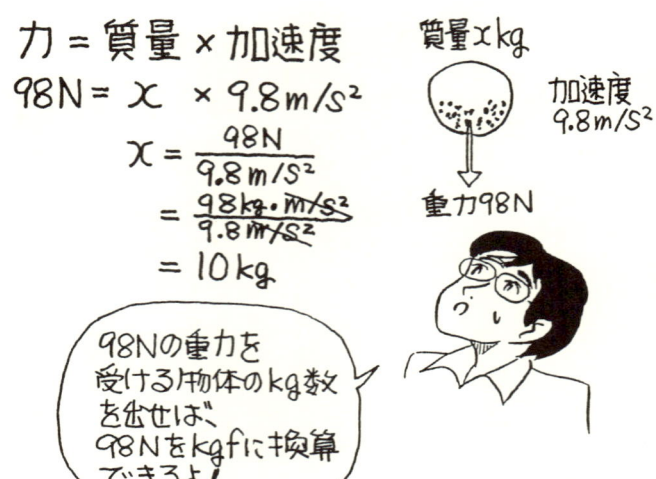

98Nの重力を受ける物体のkg数を出せば、98Nをkgfに換算できるよ！

J その1

Q J（ジュール）とは？

A 熱量、仕事量、エネルギー量の単位です。

熱、仕事、エネルギーは、基本的には同じものです。エネルギーとは仕事をする能力のこと。熱はエネルギーの一形態です。エネルギーは物を動かしたり、熱に変わったりします。
建築では、環境工学の熱の話や、構造力学の仮想仕事の話などで出てきます。まずは、「ジュール」という単位名、「J」という記号を覚えておきましょう。

 J その2

Q 熱量の単位は？

A J（ジュール）、cal（カロリー）

「J」で表されるジュールは、熱量の単位、仕事量の単位、エネルギーの単位として使われています。熱量の単位として、今まで cal（カロリー）が多く使われていましたが、国際単位の J（ジュール）に変わりつつあります。

★ R026　　　　　　　　　　　　　　　　　　　　J　その3

Q 1N（ニュートン）の力をかけて1m動かした場合の仕事量は？

A 1J

仕事＝力×距離だから、1N×1m＝1N·m
N·m＝J（ジュール）だから、1N·m＝1J（ジュール）となります。
J（ジュール）＝N·mがジュールの定義です。

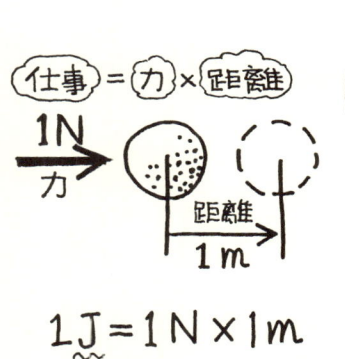

J＝N·m だよ

 J その4

Q 2N（ニュートン）の力で3m動かした場合の仕事量は？

A 仕事＝力×距離＝2N×3m＝6N·m＝6J

N·m＝Jはジュールの定義です。

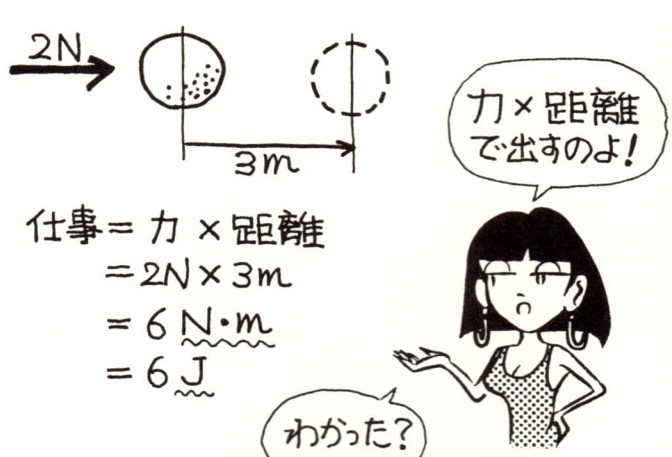

★ R028　　　　　　　　　　　　　　　　　J　その5

Q J（ジュール）を kg、m、s で表すと？

A $kg \cdot m^2/s^2$

「仕事量＝力×距離」で、力は運動方程式「力＝質量×加速度」だから、

$$J = N \times m = (kg \times m/s^2) \times m = kg \cdot m^2/s^2$$

となります。
「仕事＝力×距離」と「力＝質量×加速度」は、しっかりと覚えておきましょう。

質量 ○kg　加速度 □m/s²

力 ○N

動かないと仕事にならないのよー

ゴロ　距離 △m

仕事量 ＝ ○N × △m
　　　＝ (○kg × □m/s²) × △m
　　　＝ (○×□×△) kg·m²/s²

★ R029　　　　　　　　　　　　　J　その6

Q 1cal（カロリー）は何J（ジュール）？

A 1cal = 4.2J

カロリーもジュールも、熱量を表す単位です。1calとは、1gの水を1℃上げるのに必要な熱量です。

水の温度を1℃上げるという考え方なので、カロリーの方が実感としてはわかりやすい単位です。

より正確には、1気圧下で、水1gを14.5℃から15.5℃に上げる熱量です。また、1cal = 4.1855Jです。

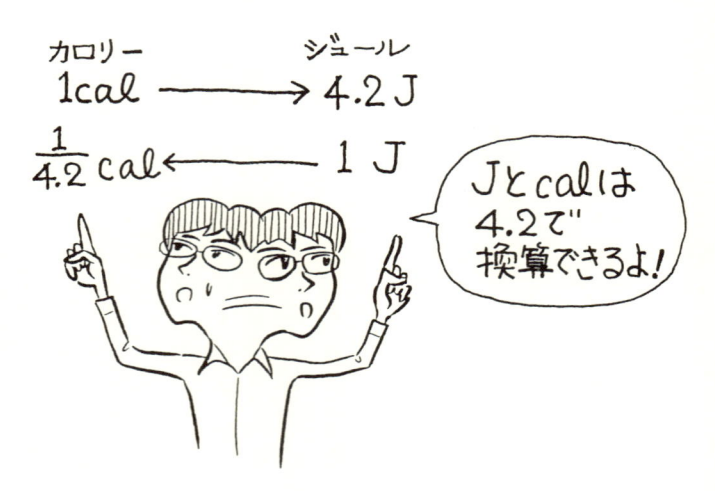

カロリー　　　　　ジュール
1cal ──────→ 4.2J

$\frac{1}{4.2}$ cal ←────── 1J

「JとcalはA.2で換算できるよ！」

★ R030 J その7

Q 10cal（カロリー）は何J（ジュール）？

A 1cal = 4.2Jだから、10cal = 4.2 × 10J = 42J

> 4.2倍して
> ジュールにするのよ
> わかった？

$$10\,cal = 4.2 \times 10\,J$$
$$= 42\,J$$

★ R031　　　　　　　　　　　　　kgfとcal

Q 1　1kgfは何N（ニュートン）？
　　2　1calは何J（ジュール）？

A 1　1kgfは、質量1kgの物体にかかる重力の大きさのことで、力＝質量×加速度＝$1kg \times 9.8m/s^2 = 9.8kg \cdot m/s^2 = 9.8N$となります。
　　よって、1kgf＝9.8N
　　2　1cal＝4.2J

1kgf＝9.8N、1cal＝4.2Jは覚えておきましょう。kgf、calは実感としてわかりやすい単位ですが、よく使われるのはN、Jといった国際単位です。kgfの約10倍がニュートン、calの約4倍がジュールです。

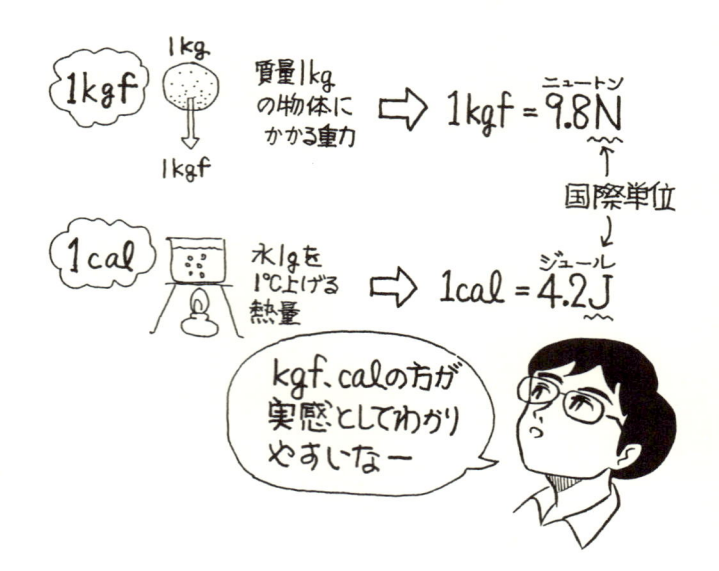

質量1kgの物体にかかる重力　⇒　1kgf＝9.8N（ニュートン）
　　　　　　　　　　　　　　　　　　↑国際単位

水1gを1℃上げる熱量　⇒　1cal＝4.2J（ジュール）

「kgf、calの方が実感としてわかりやすいなー」

★ R032　　　　W　その1

Q W（ワット）とは何の単位？

A 仕事率の単位

1時間とか、1分とか、1秒とかの単位時間にどれくらい仕事をするか、**単位時間当たりの仕事量**が仕事率です。ワットは1秒間当たりの仕事量です。

電球のワットがよく知られています。50Wの電球よりも100Wの電球の方が、1秒間にする仕事は2倍になります。電気の仕事量は、熱や光のエネルギーに変わることになります。

★ **R033**　　　　　　　　　　　　　　　　　　　　　　　W　その2

Q W（ワット）を J（ジュール）を使って表すと？

A J/s（ジュール毎秒、ジュール・パー・セコンド）

1秒間のジュール数がワットです。1秒間に何ジュールの仕事をするかという、仕事率の単位です。

仕事といった場合、時間の概念が入っていません。ですから、その仕事を1年でやっても、1秒でやっても同じ仕事量です。それでは効率がわかりませんから、時間当たりの仕事量を考える必要があります。それが仕事率です。

ジュールは熱量、エネルギー量の単位でもあります。ですからワットは、1秒間に何ジュールの熱量が動くのか、1秒間に何ジュールのエネルギーが使われるのかということを示すこともできます。

エネルギーとは、仕事をする能力のことです。1J（ジュール）のエネルギーがあるということは、1Jの仕事をする能力があるということです。熱とはエネルギーの一形態です。細かくいえば、分子運動の、運動エネルギーの総量が熱となって現れています。ですから、仕事もエネルギーも熱も、基本的には同じことで、同じ単位で表すことができます。

仕事率100Wとは、1秒間に100Jの仕事をするということです。または、1秒間に100Jのエネルギーを消費するということ、1秒間に100Jの熱量が移動するということでもあります。

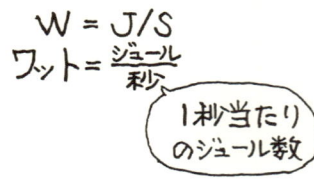

「分母に時間が来ると、単位時間当たりの量になるんだ」

$$W = J/S$$
ワット = $\dfrac{\text{ジュール}}{\text{秒}}$
（1秒当たりのジュール数）

速さ = m/S
= $\dfrac{\text{メートル}}{\text{秒}}$
（1秒当たりのメートル数）

R034 — W その3

Q 5秒間に100Jの仕事をした場合、仕事率は？

A $100J/5s = 20J/s = 20W$

J/s = W だから、20J/s = 20W となります。
1秒間に100Jの仕事をした場合は、100J/1s = 100W です。100W の方が20W に比べて、5倍の効率で仕事をしていることになります。同じ1秒間に直すと、仕事量を比較することができます。このように同じ仕事量でも、かかる時間が違えば効率は違ってきます。

$$仕事率 = \frac{仕事}{時間}$$
$$= \frac{100J(ジュール)}{5S(セコンド=秒)}$$
$$= 20 J/S (ジュール・パー・セコンド)$$
$$= 20 W (ワット)$$

J/S = W よ！

★ R035　　　　　　　　　　　　　　　　　　　　　W　その4

Q W（ワット）をN（ニュートン）を使って表すと？

A W＝J/s＝(N·m)/s

仕事率＝仕事/時間（W＝J/s）で、仕事＝力×距離（J＝N·m）だから、W＝J/s＝(N·m)/sとなります。

R036 — N、J、Wの復習 その1

Q 1 質量2kgの物体に、3m/s²の加速度を与える力の大きさは？
2 10Nの力で物体を2m動かしたときの仕事量は？
3 1000Jの仕事を10秒でやった場合の仕事率は？

A 1 力＝質量×加速度＝ $2kg \times 3m/s^2 = 6kg \cdot m/s^2 = 6N$（ニュートン）
2 仕事＝力×距離＝ $10N \times 2m = 20N \cdot m = 20J$（ジュール）
3 仕事率＝仕事/時間＝ $1000J/10s = 100J/s = 100W$（ワット）

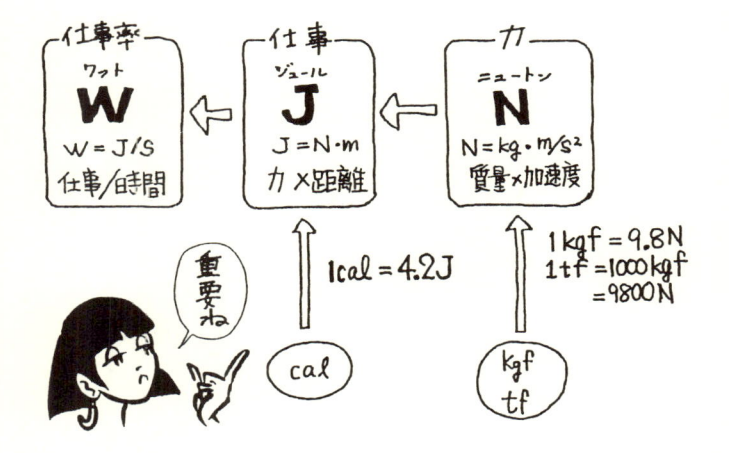

仕事率　ワット　**W**　W＝J/s　仕事/時間

← 仕事　ジュール　**J**　J＝N·m　力×距離

← 力　ニュートン　**N**　N＝kg·m/s²　質量×加速度

↑ 1cal＝4.2J　cal

↑ 1kgf＝9.8N　1tf＝1000kgf＝9800N　kgf / tf

「重要ね」

R037 N、J、Wの復習 その2

Q 1 10Nの力で2kgの物体を押したときの加速度は?
2 100Jのエネルギーで10Nの力をかけて物体を押したとき、動く距離は?
3 100Wの仕事率で10秒間仕事をしたとき、仕事量は?

A 1 $10N = 2kg \cdot x$ より、
$x = 10N/2kg = 5N/kg = 5(kg \cdot m/s^2)/kg = 5m/s^2$
2 $100J = 10N \cdot x$ より、
$x = 100J/10N = 10(N \cdot m)/N = 10m$
3 $100W = x/10s$ より、
$x = 100W \cdot 10s = 1000W \cdot s = 1000(J/s) \cdot s = 1000J$

力=質量×加速度、仕事=力×距離、仕事率=仕事/時間という元の式だけ覚えておいて、わからない部分をxと置いて求めると簡単です。また、上記のように単位を付けて計算すると、間違いにくくなります。

★ **R038** K その1

Q K（ケルビン）とは何の単位？

A 絶対温度の単位

絶対温度とは、**分子や原子の運動が完全に停止する状態を絶対零度**として、そこから目盛りをとって計る温度です。温度間隔は、摂氏（℃）と同じです。

[スーパー記憶術]
<u>K1選手の</u> <u>蹴るビンは</u> <u>絶対割れる！</u>
K　　　　　ケルビン　　　絶対温度

K その2

Q 絶対温度の零度（0K：ゼロケルビン）とは何℃？

A －273℃

0K（ゼロケルビン）＝－273℃です。0℃は273Kとなります。マイナス273℃は、**分子運動が止まる温度**で、それ以下の温度はこの世にはないと考えられています。これを基準にしたのが、絶対温度です。単位はK（ケルビン）を使います。℃のように丸が付かないので注意してください。

日常よく使われる℃は摂氏温度（セルシウス温度）のことです。摂氏温度は、水の凝固点（氷になる温度）と沸点（水蒸気になる温度）を100等分して求めたものです。

[スーパー記憶術]
津波　で　ゼロになる
―――　　　――――――
273　　　　絶対零度

R040　　K その3

Q 1　20℃は何K（ケルビン）？
　　2　300K（ケルビン）は何℃？

A 1　20 + 273 = 293K
　　2　300 − 273 = 27℃

絶対温度の零度、0K（ゼロケルビン）は、マイナス273℃です。また、目盛りの幅は、Kも℃も同じです。よって、絶対温度をT、摂氏温度をtとすると、

$$T = t + 273$$

という関係式が成り立ちます。絶対零度がマイナス273℃ということだけ覚えておけば、対応できるでしょう。

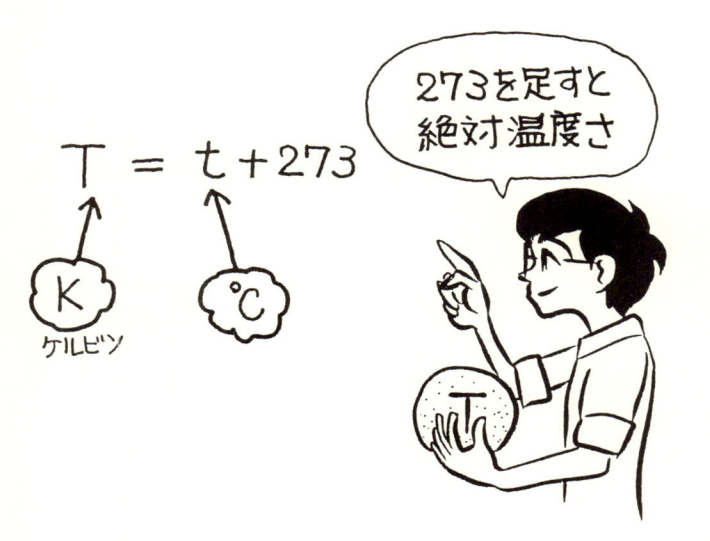

★ R041 電流 その1

Q 電流（I）を電位差（V）と抵抗（R）で表すと？

A 電流＝電位差/抵抗（I ＝ V/R）

ここで、なんで電気かというと、設備で直接関係するばかりでなく、熱の流れにも応用が利くからです。電気が単位時間にどれくらい流れるかが電流。単位はアンペア（A）などを使います。水が1秒間にどれくらい流れるかというのに似ています。

電位差とは文字どおり電位の差。単位はボルト（V）などを使います。地形に高さの差があるように、電位にも差があります。高さの差が大きいほど、水がよく流れます。同様に、電位の差が大きいほど、電流はよく流れます。電位差のことを電圧とも呼びます。

抵抗は、電気を流すまいとする力です。単位はオーム（Ω）などを使います。石がゴロゴロしていると、水が流れにくくなります。水の流れの抵抗となっているわけです。電気も同様で、抵抗が大きいと流れにくくなります。

水の流れは、高低差が大きいほど大きく、抵抗が大きいほど小さくなります。同様に電流も、電位差が大きいほど大きく、抵抗が大きいほど小さくなります。ですから、電位差は分子に、抵抗は分母にあります。

式を丸暗記するのではなく、**電位差が倍になると電流は倍、抵抗が倍になると電流は半分**、などと考えれば式は自然に出てきます。水の流れに対応させて覚えましょう。

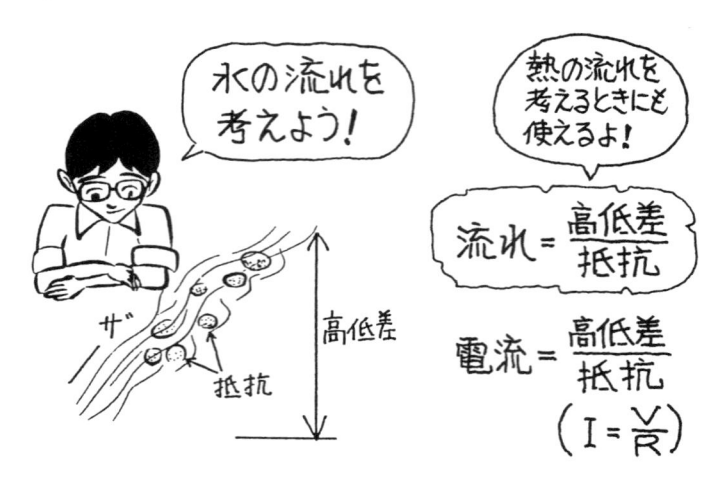

R042 電流 その2

Q 電位差（電圧）が6V（ボルト）、抵抗が60Ω（オーム）の場合、電流は？

A 電流＝電位差/抵抗＝6V/60Ω＝0.1A（アンペア）

電流を水の流れにたとえると、電位差は高さの差、抵抗はデコボコの多さということになります。高さの差が大きいほど、電流は多く流れます。高さの差に比例するので、高さの差は分子にあります。
抵抗が大きいほど、電流は流れにくくなります。抵抗に反比例するので、抵抗は分母にあります。
高さの差が分子、**抵抗が分母**ということを、理屈とともに、確実に覚えておきましょう。

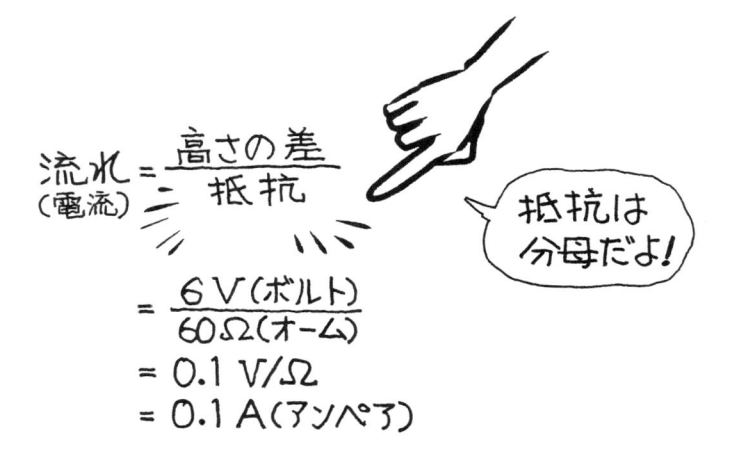

$$流れ（電流） = \frac{高さの差}{抵抗}$$

（抵抗は分母だよ！）

$$= \frac{6V（ボルト）}{60Ω（オーム）}$$
$$= 0.1\ V/Ω$$
$$= 0.1\ A（アンペア）$$

★ **R043**　　　　　　　　　　　　　　　電流　その3

Q 電位差（電圧）が100V（ボルト）、抵抗が50Ω（オーム）の場合、電流は？

A 電流＝電位差/抵抗＝100V/50Ω＝2V/Ω＝2A（アンペア）

電位差が、前回では乾電池4個分の6Vだったものが、一般家庭の100Vに増えています。水の流れでいうと、高低差、落差が大きくなっています。ということは、流れる量も大きくなります。
壁を流れる熱量の式の場合、分子に温度差、分母に熱抵抗がきます。この電流の式に似ています。熱の流れを勉強する際には、この電流の式を思い出しましょう。

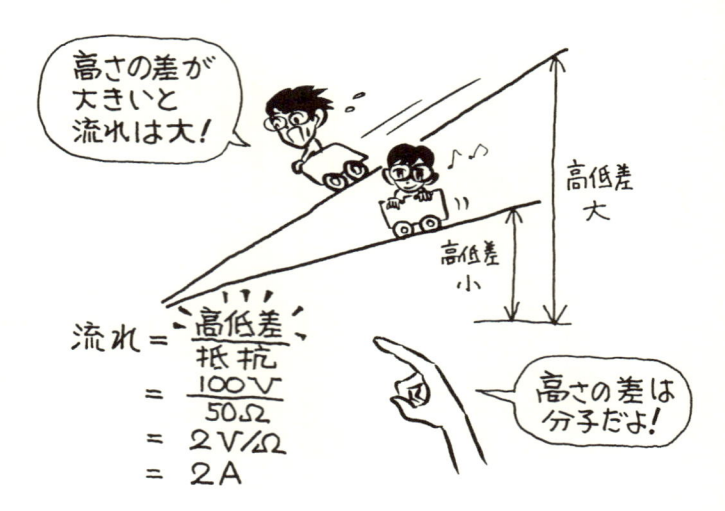

「高さの差が大きいと流れは大！」

高低差　大
高低差　小

$$流れ = \frac{高低差}{抵抗} = \frac{100V}{50\Omega} = 2V/\Omega = 2A$$

「高さの差は分子だよ！」

★ R044 電力 その1

Q 電力を電流（I）と電圧（V）で表すと？
▼
A 電力＝電流×電圧＝I×V（W）

電力とは、電気が単位時間にどれくらいの仕事をするかを表す指標です。その電力は電流×電圧で計算できます。記号で書くと、I×Vとなります。

1秒間に何ジュールの仕事を電気がするかを表すので、ワットが使えます。ワットは仕事率の単位で、1秒間に何ジュールの仕事をするかの単位です。それは電力でも同じです。

W＝J/s＝(N・m)/sという単位の関係を、もう一度ここで覚えなおしておいてください。

[スーパー記憶術]
いばる　電力会社
I×V　＝　電力

いばる　電力会社
I×V　　電力（W：ワット）
電流×電圧

エッヘン

R045　電力　その2

Q 電流が0.5A（アンペア）、電圧が100V（ボルト）のとき、電力は？

A 電力＝電流(I)×電圧(V)＝0.5A×100V＝50A・V＝50W（ワット）

電力＝I×Vは「いばる電力会社」と覚えておきましょう。アンペア(A)×ボルト(V)はワット(W)となります。
A・V＝Wです。
50Wの電力とは、電気が1秒間に50Jの仕事をするということ、あるいは電気が1秒間に50Jのエネルギーを消費するということです。
W＝J/sは基本です。

「電力＝I×V は覚えとこう！」

電力 ＝ I（電流/アンペア） × V（電圧/ボルト）
　　　＝ 0.5A×100V
　　　＝ 50A・V
　　　＝ 50W（ワット）

R046 電力 その3

Q 100W（ワット）の電球を電圧100V（ボルト）で照らす場合、電流は？

▼

A 1A（アンペア）

電力＝電流×電圧で求める電流をIとすると、

$100W = I \times 100V$

よって電流は、$I = 100W/100V = 1A$（アンペア）となります。

$$100W = I \times 100V$$
$$I = \frac{100W}{100V}$$
$$= 1A（アンペア）$$

R047 電力 その4

Q 100Wの電球を1時間点灯しつづけると、使われるエネルギーは？

A 360000J

エネルギーは仕事のことで、仕事率×時間＝100W×1時間と表せます。W（ワット）＝J/s（ジュール・パー・セコンド、ジュール毎秒）ですから、時間（hour）も秒に換える必要があります。

　1時間＝60分＝60×60秒＝3600秒（s）

よって、

　100W×1時間＝100J/s×3600s＝360000J（ジュール）

となります。100J/sの分母のsと、3600sのsが約分されているのがわかります。

36万ジュールという桁は、ちょっと大きくて扱いにくいので、Wh（ワット・アワー）という仕事の単位もあります。文字どおり、ワット×アワーです。1ワットの仕事率で1時間仕事した場合の、仕事量、エネルギー量のことです。

1時間は3600秒ですから、1Wh＝1J/s×3600s＝3600Jとなります。

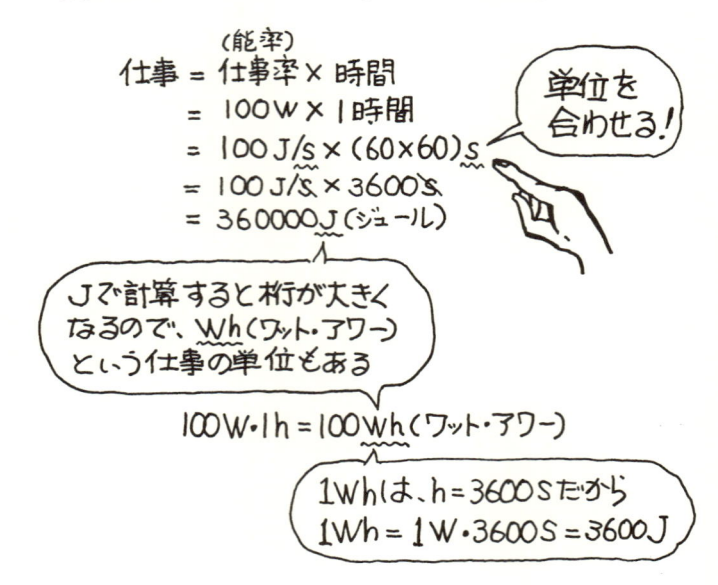

$$
\begin{aligned}
\text{仕事} &= \text{仕事率（能率）} \times \text{時間} \\
&= 100\text{W} \times 1\text{時間} \\
&= 100\text{J/s} \times (60\times60)\text{s} \\
&= 100\text{J/s} \times 3600\text{s} \\
&= 360000\text{J（ジュール）}
\end{aligned}
$$

単位を合わせる！

Jで計算すると桁が大きくなるので、Wh（ワット・アワー）という仕事の単位もある

100W・1h＝100Wh（ワット・アワー）

1Whは、h＝3600sだから
1Wh＝1W・3600s＝3600J

R048 — 比熱 その1

Q 比熱c、質量m、温度変化Δtとすると、温度変化Δtによって出入りする熱量Qは？

A $Q = c \cdot m \cdot \Delta t$ (熱量＝比熱×質量×温度変化)

Δ（デルタ）は変化を意味します。Δtはtの変化で表します。この場合は温度（temperature）の変化を意味します。Qは熱量、cは比熱、mは質量の記号としてよく登場します。このような記号には、慣れてしまいましょう。

熱量の単位はJ（ジュール）かcal（カロリー）です。今はJの方がよく使われます。

質量はkg、gを使いますが、mol（モル）を使う場合もあります。モルは厳密には質量ではありません。

温度変化では、℃よりもK（ケルビン）が使われる傾向にあります。℃とKは、目盛りの間隔が同じなので、温度変化Δtはどちらも同じ値になります。

まずは、$Q = c \cdot m \cdot \Delta t$ の式を覚えてしまいましょう。

[スーパー記憶術]

C	M	出た！
c·m		·Δt

★ / R049　　　　　　　　　　　　　　　比熱　その２

Q 比熱 c が $4200\text{J}/(\text{kg}\cdot\text{K})$、質量が 2kg の物体の温度が 10K（ケルビン）上昇した場合、流入した熱量 Q は？

A $Q = c \cdot m \cdot \Delta t = 4200\text{J}/(\text{kg}\cdot\text{K}) \cdot 2\text{kg} \cdot 10\text{K}$
　　　　　　　　$= 84000\text{J}/(\text{kg}\cdot\text{K}) \cdot \text{kg}\cdot\text{K}$
　　　　　　　　$= 84000\text{J}$

単位を付けたままで計算すると、単位の誤りがなくなります。上記の式では、kg と K がそれぞれ約分されて J だけが残ることになります。

> $c\cdot m\cdot \Delta t$ で計算するのよ！

CM出た！

熱量 ＝ 比熱 × 質量 × 温度差

$Q = c \cdot m \cdot \Delta t$
　$= 4200\text{J}/\text{kg}\cdot\text{K} \cdot 2\text{kg} \cdot 10\text{K}$
　$= 4200 \cdot 2 \cdot 10\, \text{J}/\text{kg}\cdot\text{K}\cdot\text{kg}\cdot\text{K}$
　$= 84000\,\text{J}$

★ R050 比熱 その3

Q 比熱cが1000J/(kg·K)、質量が10kgの物体に20000Jの熱を加えると、温度はどれくらい上昇する？

A 2K（ケルビン）

$Q = c \cdot m \cdot \Delta t$（熱量＝比熱×質量×温度変化）に各数値を代入すると、

$20000J = 1000J/(kg \cdot K) \cdot 10kg \cdot \Delta t$

だから、

$\Delta t = 20000J / [1000J/(kg \cdot K) \cdot 10kg] = 2K$（ケルビン）

よって温度は、2K（ケルビン）上昇するとわかります。温度が2K上昇するのは、2℃上昇するのと同じことです。Kと℃は、0の位置は異なりますが、目盛りの間隔は同じだからです。

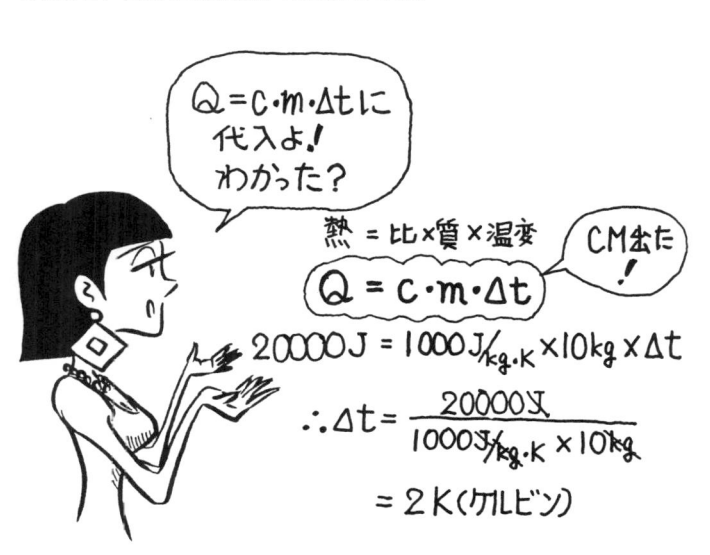

R051 熱容量 その1

Q 熱容量を、比熱cと質量mで表すと？

A 熱容量＝比熱×質量＝$c \cdot m$

容量とは容器の大きさ、つまり中にどれくらい入るかを示すものです。水1リットルよりも2リットルの方が容量が大きいと表現します。

熱容量とは、熱がどれくらい入るか、蓄えられるかを示す指標です。

熱容量が大きいと、熱を多く蓄えることができます。熱を多く蓄えられるということは、溜めるのも大変、出すのも大変です。ちょうど水を多く溜めることができる容器では、水を入れるのも出すのも大変なのと同じです。

この熱容量の式、比熱×質量（$c \cdot m$）は、熱量＝比熱×質量×温度変化（$Q = c \cdot m \cdot \Delta t$）の一部です。$Q = c \cdot m \cdot \Delta t$の式と一緒に覚えておきましょう。

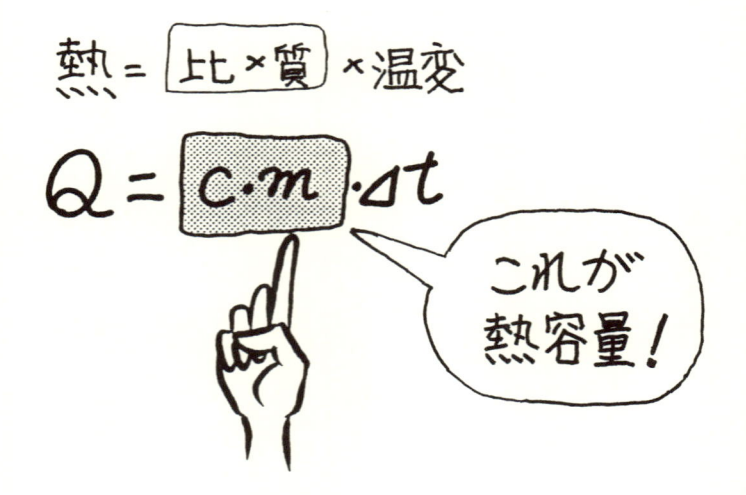

$$熱 = \boxed{比 \times 質} \times 温変$$

$$Q = \boxed{c \cdot m} \cdot \Delta t$$

これが熱容量！

R052 熱容量　その2

Q 熱容量が大きいと、蓄熱効果は？

A 大きい

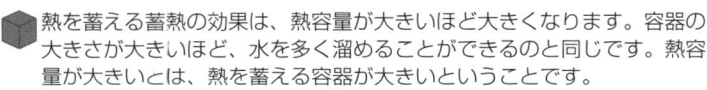

熱を蓄える蓄熱の効果は、熱容量が大きいほど大きくなります。容器の大きさが大きいほど、水を多く溜めることができるのと同じです。熱容量が大きいとは、熱を蓄える容器が大きいということです。
$Q = c \cdot m \cdot \Delta t$ の式で、$c \cdot m$ の部分が大きいと、同じ Δt でも Q が大きくなります。同じ温度変化でも、多くの熱量が必要になります。
熱容量 $c \cdot m$ が大きいと、温度を1K（ケルビン）上昇させるのに必要な熱量は多くなります。また、温度を1K下げるのにも、多くの熱量が出ていく必要があります。
ということは、温度変化がしにくいということです。熱を多く蓄えることができるため、温度が変化しにくいわけです。

[スーパー記憶術]
CM に熱を入れる
$c \cdot m$ → 熱容量

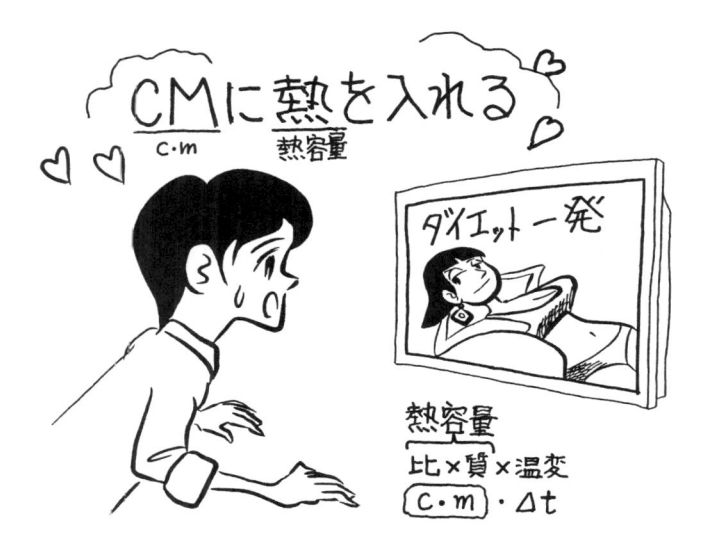

R053　熱容量　その3

Q 熱容量を熱量Qと温度変化Δtで表すと？

A Q/Δt

$Q = c \cdot m \cdot \Delta t$（熱量＝比熱×質量×温度変化）の式を、熱容量＝$c \cdot m$（比熱×質量）イコールのかたちに変形すると、

　　熱容量＝$c \cdot m = Q/\Delta t$（熱量/温度変化）

となります。熱量/温度変化を単位にすると、J/K（ジュール・パー・ケルビン）となります。cal/℃とすることもできます。
このように、単位がわからない場合は、基本式を変形して考えると有効です。

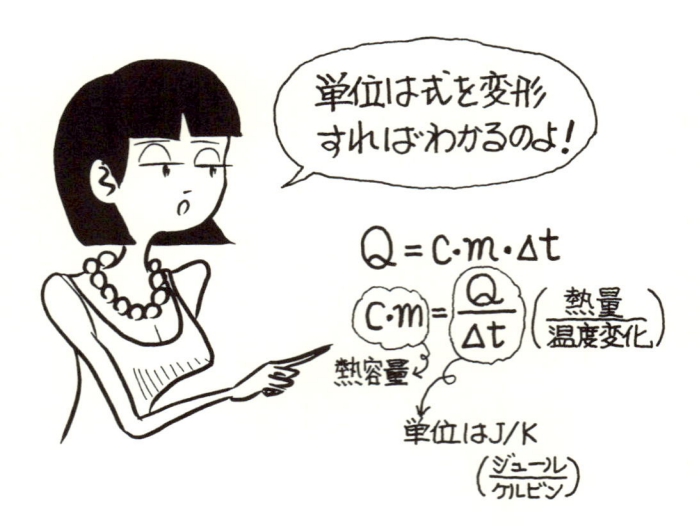

> 単位は式を変形すればわかるのよ！

$$Q = c \cdot m \cdot \Delta t$$
$$\boxed{c \cdot m} = \frac{Q}{\Delta t} \left(\frac{熱量}{温度変化}\right)$$

熱容量

単位はJ/K $\left(\frac{ジュール}{ケルビン}\right)$

R054 熱容量 その4

Q 1 比熱が4200J/(kg·K)の水、10kgでは熱容量は？
2 比熱が1300J/(kg·K)の木、10kgでは熱容量は？
3 比熱が880J/(kg·K)のコンクリート、10kgでは熱容量は？

A 熱容量＝$c \cdot m$（比熱×質量）だから、
1 $c \cdot m = 4200 J/(kg \cdot K) \times 10 kg = 42000 J/K$
2 $c \cdot m = 1300 J/(kg \cdot K) \times 10 kg = 13000 J/K$
3 $c \cdot m = 880 J/(kg \cdot K) \times 10 kg = 8800 J/K$

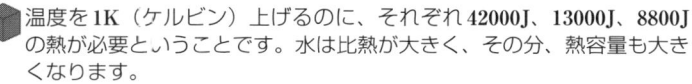

温度を1K（ケルビン）上げるのに、それぞれ42000J、13000J、8800Jの熱が必要ということです。水は比熱が大きく、その分、容量も大きくなります。

比熱とは、もともと水と比べてどれくらいの熱が必要かという比較の単位として使われたものです。1gの水を1℃上げるのに必要な熱量を1calとし、それに比較してほかの材料を測ったわけです。「水と比較した熱」から比熱と呼ばれたのです。水を1として、それの何倍かという単位です。熱量の単位が、cal（カロリー）からJ（ジュール）に変わって、そのような意味も薄れてきました。

コンクリートは比熱が低いため、同じ質量の場合、熱容量は小さくなります。しかし、同じ体積の場合、質量が非常に大きい物質といえます。コンクリートは木よりも、同じ体積の場合、質量は4倍以上です。

また、建物で使われる場合、コンクリートは木よりも大量に使われます。コンクリートの柱、梁、床、壁、天井は、非常に質量が大きいものです。一方、木材は薄っぺらい板が多く使われます。

コンクリートは体積の割に質量が大きく、また木に比べて分厚く使われるので、建物で熱容量の大きい部分は、コンクリートということになります。

水10kg　　$C \cdot m = 4200 J/kg \cdot K \times 10 kg$
　　　　　　　　＝$42000 J/K$

木10kg　　$C \cdot m = 1300 J/kg \cdot K \times 10 kg$
　　　　　　　　＝$13000 J/K$

コンクリート10kg　$C \cdot m = 880 J/kg \cdot K \times 10 kg$
　　　　　　　　　　＝$8800 J/K$

R055 熱容量 その5

Q コンクリートの外側に断熱材を回した場合（外断熱）、暖房の効果は？

A 暖まるまでは時間がかかるが、一度暖まると冷えにくい。

コンクリートは、全体として質量が大きいので、熱容量が大きくなります。コンクリートは比熱は大きくはありませんが、質量が莫大であるため、熱を蓄える働きが大きくなります。

コンクリートのように熱容量の大きい物が断熱材よりも内側にある場合、一度暖まると冷えにくくなります。室内の温度変化を抑え、快適な環境になります。ただし、熱容量が大きいため、なかなか暖まらないという欠点もあります。

冷暖房の立ち上がりが遅いという欠点がありますが、コンクリートの建物は、一般には外断熱の方が熱環境は優れているといえます。壁表面、壁内部が暖かいので、結露を防ぐ効果もあります。

R056　　　　　　　　　　　　　　　　　　　　Hz

Q Hz（ヘルツ）とは？

A 振動数、周波数の単位で、1秒間に何回振動するか、何回繰り返すかを示すもの

100Hz（ヘルツ）は、1秒間に100回繰り返すという意味です。波でも、波頭から波頭を1つの波とすると、3Hzは1秒間に3つの波ができることで表せます。音波の振動数とか、建物の振動数なども、Hzを使って表せます。

$$Hz = 回/s$$

と、分母にs（秒）、分子に回数が来ます。「回」は実質的な単位ではないので、1/sがHz（ヘルツ）の内容となります。

[スーパー記憶術]

ヘ理屈	を	言う回数
ヘルツ		1秒間の回数

だって時間がないし…
だってお金がないし…
だってやる気がないし…

だってだってだって

1秒間に3回のヘ理屈、だから3Hz（ヘルツ）!

★ R057　　　Pa　その1

Q Pa（パスカル）とは？

A 圧力の単位。N/m²（ニュートン・パー・平方メートル）を意味します。

1m²に何N（ニュートン）の力がかかっているかという圧力を表すのに、Pa（パスカル）を使います。

　　圧力＝力/面積＝ N/m² ＝ Pa

で、力はN（ニュートン）、面積はm²（平方メートル）を使っています。同じ力でも、面積が大きいと圧力は小さくなり、面積が小さいと圧力は大きくなります。ですから、力がかかる面積は非常に重要です。
建築構造では、もっと大きな力がかかるので、圧力はN/mm²（ニュートン・パー・平方ミリメートル）をよく使います。その場合は、パスカルに直さずに、そのままN/mm²を使うことが多いようです。

[スーパー記憶術]
<u>圧力</u>受けて　<u>パース</u>描く
圧力　→　　　パスカル

圧力受けて
パース描く
Pascal

★ R058　　　Pa　その2

Q $2m^2$ の面積に $10N$（ニュートン）の力を加えた場合、圧力は何 Pa（パスカル）?

A 圧力=力/面積= $10N/2m^2$ = $5N/m^2$ = $5Pa$

N/m^2 = Pa（ニュートン・パー・平方メートル=パスカル）は覚えておきましょう。

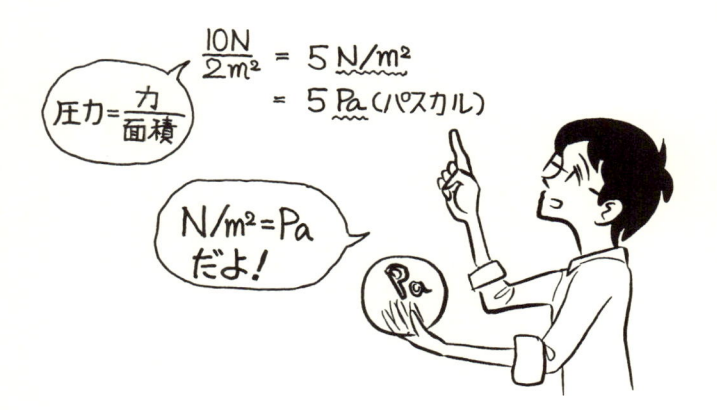

★ R059　ha

Q 1　1a（アール）は何平方メートル？
　　2　1ha（ヘクタール）は何平方メートル？
　　3　1haは何アール？

A 1　100m²
10m × 10mの面積が1a（アール）です。アールは、area（エリア：面積）のラテン語読みです。
2　10000m²
100m × 100mの面積が1ha（ヘクタール）です。
3　100a
h（ヘクト）とは100倍ということで、ha（ヘクタール）は、a（アール）の100倍という意味を表しています。

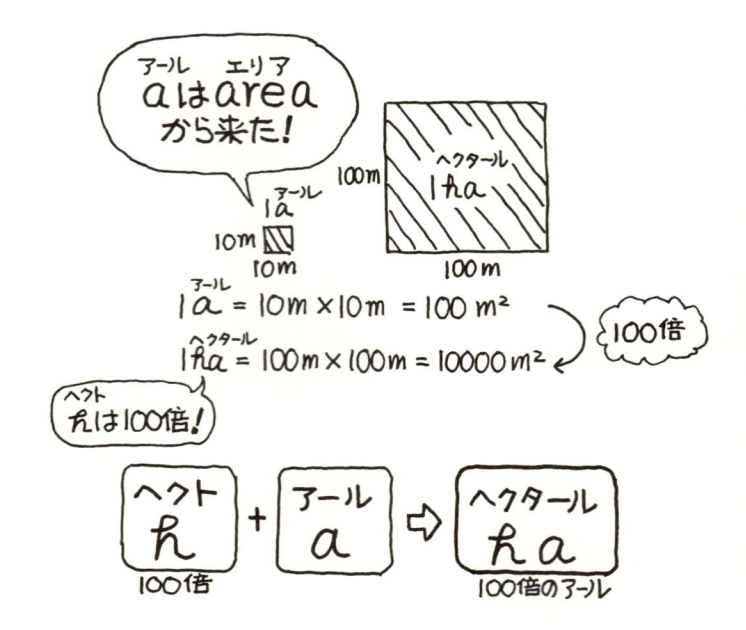

$$1a = 10m \times 10m = 100 m^2$$
$$1ha = 100m \times 100m = 10000 m^2$$

ヘクト h（100倍）＋ アール a ⇒ ヘクタール ha（100倍のアール）

★ R060 hPa

Q 1 1hPa（ヘクトパスカル）は何Pa（パスカル）？
2 1hPaをN（ニュートン）とm（メートル）で表すと？

A 1 100Pa
2 100N/m²

h（ヘクト）は100倍を意味します。ha（ヘクタール）はヘクト＋アールで、a（アール）の100倍です。ですから、hPa（ヘクトパスカル）は、Pa（パスカル）の100倍です。
Pa（パスカル）は圧力の単位ですが、気圧などを測る際にもよく使われます。でも気圧の場合、1気圧が100000Pa（10万パスカル）ぐらいですから、桁が大きくなってしまいます。そこで、hPaを使います。hPaを使うと、大気の圧力（1気圧）は、1013hPaぐらいです。1013hPaは101300Pa。ニュートンを使うと、101300N/m²です。

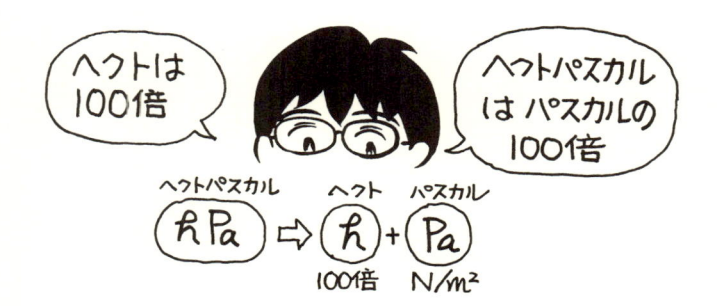

★ R061　酸性とアルカリ性　その1

Q アルカリ性とは？

A 水に溶けると、水酸化物イオン（OH⁻）を出す性質

アルカリ性の定義はいろいろありますが、一番簡単なのが、水溶液中に水酸化物イオンがあるという性質です。
アルカリ性は、**塩基性**と呼ばれることもあります。酸と反応して中和し、酸の性質を打ち消します。

アルカリ性 ⇨ （OH⁻ 水酸化物イオン）があること！

水の中では
$NaOH \longrightarrow Na^+ + OH^-$ ：アルカリ性

これだよこれ！

★ R062　　　　　　　　　　　　酸性とアルカリ性　その2

Q 酸性とは？

A 水に溶けると、水素イオン（H^+）を出す性質

酸性の定義もいろいろありますが、一番簡単なのが、水溶液中に水素イオンがあるという性質です。
アルカリ（塩基）と反応して中和し、アルカリの性質を打ち消します。
なめるとすっぱい味（酸味）がします。

[スーパー記憶術]
$\underline{H}$　　　は　　　$\underline{賛成}$！
H^+　　　　　　　酸性

★ R063 酸性とアルカリ性 その3

Q 1 赤のリトマス紙が青くなったら酸性？ アルカリ性？
2 BTB溶液が青くなったら酸性？ アルカリ性？

A 1 アルカリ性
2 アルカリ性

アルカリ性の場合、赤のリトマス紙は青くなり、BTB溶液も青くなります。
酸性の場合、青リトマス紙は赤くなり、BTB溶液は黄色になります。
フェノールフタレイン溶液の場合、アルカリ性では薄赤色になります。

```
リトマス紙    赤→青：アルカリ性
              青→赤：酸性
BTB溶液    →青：アルカリ性
           →黄：酸性
フェノールフタレイン溶液   →薄赤：アルカリ性
```

[スーパー記憶術]
(信号が)　　　　　青になったら　　歩く！
リトマス紙、BTB溶液　青　　　　　　　アルカリ性

★ R064　　　　　酸性とアルカリ性　その4

Q コンクリートは酸性？　アルカリ性？

A アルカリ性

セメントの成分 CaO（酸化カルシウム）が水に溶けて $Ca(OH)_2$（水酸化カルシウム）を生成して、アルカリ性になります。

[スーパー記憶術]
<u>根気</u>　よく　<u>歩く</u>！
コンクリート　　　アルカリ性

★ R065　　　　　　　　　　　酸性とアルカリ性　その5

Q セメントの主成分の（①）は水を加えると（②）となって、アルカリ性となります。

A ① CaO（酸化カルシウム）、② $Ca(OH)_2$（水酸化カルシウム）

セメントの約60%は酸化カルシウム（CaO）です。セメントを固めるには、水を加えます。酸化カルシウムに水を加えると、水酸化カルシウムとなって、アルカリ性になります。
セメントは、水と反応して固まります。この反応を**水和作用**、この性質を**水硬性**といいます。

R066 酸性とアルカリ性 その6

Q 二酸化炭素（CO_2）は酸性？ アルカリ性？

A 酸性。弱い酸性です（弱酸性）。

二酸化炭素は、アルカリ性の物質と中和して、中性化する働きがあり、水に溶けてH^+を出す性質があるので酸性です。
空気中の二酸化炭素（CO_2）はコンクリート中の水酸化カルシウム（$Ca(OH)_2$）と反応して中性化します。これがコンクリートの中性化で、鉄筋コンクリートが傷む原因のひとつとなっています。

$$Ca(OH)_2 + CO_2 \rightarrow CaCO_3 + H_2O$$
水酸化カルシウム　　二酸化炭素　炭酸カルシウム　水

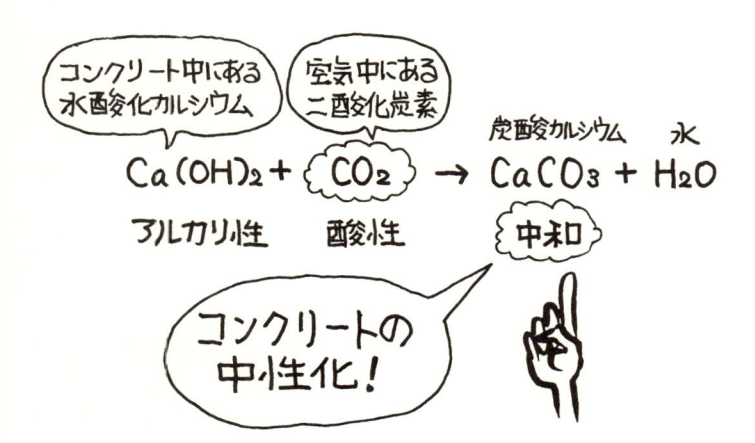

R067 酸化 その1

Q 鉄の酸化とは？

A 鉄が酸素と化合すること

一般に、**酸化とは酸素と化合すること**です。**還元とは酸素と離れること**です。酸化の反対が還元です。

酸化は、水素と電子を奪われることという定義もありますが、上記のように酸素と化合するのが酸化と、文字どおりの意味で覚えて差し支えありません。

ご存じのとおり、鉄の錆は水と酸素によって生じます。どちらかが不足すれば、錆は生じません。

鉄の赤錆は、鉄が酸化して三酸化二鉄（Fe_2O_3）になることです。酸化鉄にもいろいろとありますが、赤錆は一般によくない錆です。鉄がむき出しの手すりや鉄骨階段などは、5年もすると赤錆が出てきます。

鉄筋コンクリート中にある鉄筋が、水と酸素によってサビると膨張し、コンクリートを破裂させてしまいます。構造に関係する部分なので、非常に深刻な錆です。

[スーパー記憶術]
酸素と化合　→　酸化

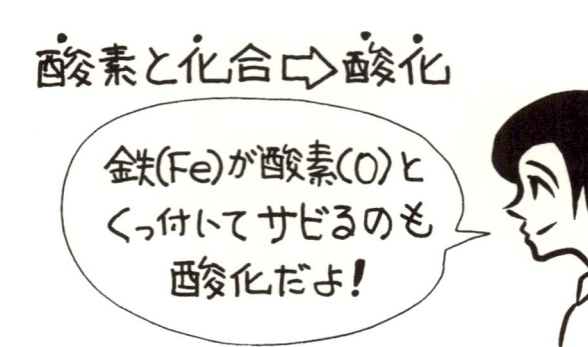

酸素と化合 ⇨ 酸化

鉄(Fe)が酸素(O)と
くっ付いてサビるのも
酸化だよ！

$Fe \xrightarrow{酸化} Fe_2O_3$ 赤錆

R068　酸化 その2

Q 鉄はアルカリ性の中では酸化（しやすい、しにくい）？

A しにくい

アルカリ性の中では、鉄は酸化しにくい（サビにくい）という性質があります。コンクリートはアルカリ性なので、コンクリート中の鉄筋はサビにくくなります。
コンクリートのアルカリ性が中性化すると、鉄筋がサビてしまいます。鉄筋がサビると、膨張してコンクリートを破壊してしまいます。

★ R069　　　弧度　その1

Q 弧度とは？

A 平面角の単位で、弧度＝弧の長さ/半径で表されます。

弧度をθ、半径をr、弧の長さをlとすると、

　　$\theta = l/r$

となります。弧の長さが半径の何倍かで、角度を表しています。
平面の角度は「度」をよく使います。直角は90°とか全周は360°と、わかりやすい反面、360進法となるため、扱いにくいケースも出てきます。
弧度の方が、数学ではよく用いられます。
弧度で角度を測る方法を、**弧度法**と呼びます。立体角を理解する前に、弧度を復習して、覚えなおしておきましょう。

★ R070 弧度 その２

Q 弧度の単位は？

A rad（ラジアン）

弧の長さ1m、半径2mの場合、

　　弧度＝弧の長さ/半径＝ 1m/2m ＝ 0.5（rad）

となります。メートル割るメートルで比となるので、実質的な単位はなくなります。ラジアン（radian）は、その比の名前です。
「rad」は、放射状、星形、円形などを意味する接頭語です。ラジオ（radio）は電波の放射から来ています。

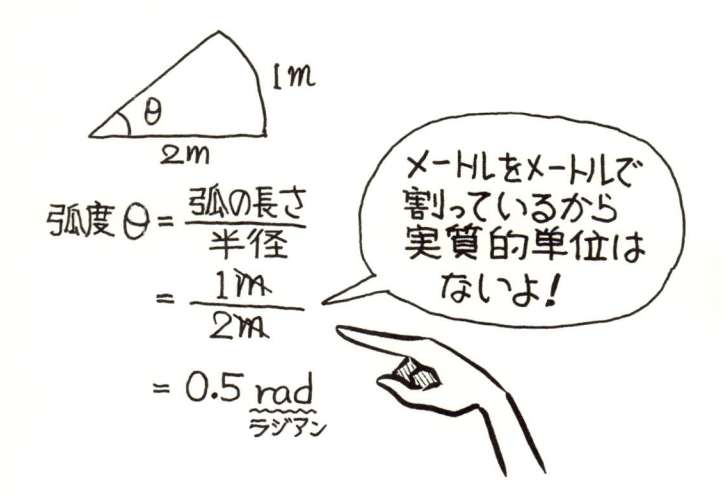

$$\text{弧度}\,\theta = \frac{\text{弧の長さ}}{\text{半径}} = \frac{1m}{2m} = 0.5\,\text{rad}$$

メートルをメートルで割っているから実質的単位はないよ！

R071 弧度 その3

Q 1 180°を弧度で表すと？
2 360°を弧度で表すと？

A 1 π (rad)
2 2π (rad)

円周は直径×円周率、$(2r)\cdot\pi = 2\pi r$で表せます。したがって、180°の弧の長さは、$(2\pi r)/2 = \pi r$となります。よって、

180°の弧度＝弧の長さ/半径＝$\pi r/r = \pi$ (rad)
360°の弧度＝弧の長さ/半径＝$2\pi r/r = 2\pi$ (rad)
同様に、90°の弧度＝$1/2\cdot\pi$ (rad)

円周率πは、円周の長さが直径の何倍かを示すものです。約3.14で、すべての円で一定です。不思議な数で、数学ではさまざまなところで登場します。

[スーパー記憶術]
パイを半分食べる
π 半円

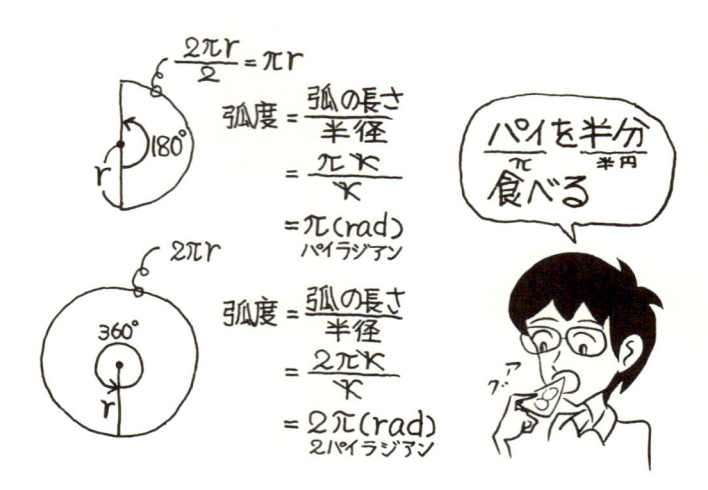

R072 円と球

Q 1 半径rの円の面積は?
2 半径rの球の表面積は?
3 半径rの球の体積は?

A 1 円周率×(半径の2乗)＝πr^2
2 4×円周率×(半径の2乗)＝$4\pi r^2$
3 4/3×円周率×(半径の3乗)＝$4/3 \cdot \pi r^3$

面積の単位は長さの2乗です。メートルの2乗（m²）、センチメートルの2乗（cm²）などです。一方、体積の単位は長さの3乗で、メートルの3乗（m³）などとなります。
rの2乗なのか3乗なのかを迷ったら、面積は2乗、体積は3乗という単位を思い出すといいでしょう。

[スーパー記憶術]
<u>身の</u><u>上に心配</u><u>あるさ</u>
3分の　　4πr　　3乗

★ **R073** 立体角 その1

Q 傘の開き具合を測る角度は？

A 立体角

傘の開き具合、ソフトクリームのコーンの開き具合、メガホンの開き具合、円錐の開き具合、四角錐の開き具合などは、立体的な角度になります。平面的な角度である「度」や「弧度」は使えません。そうした場合は「立体角」を使います。

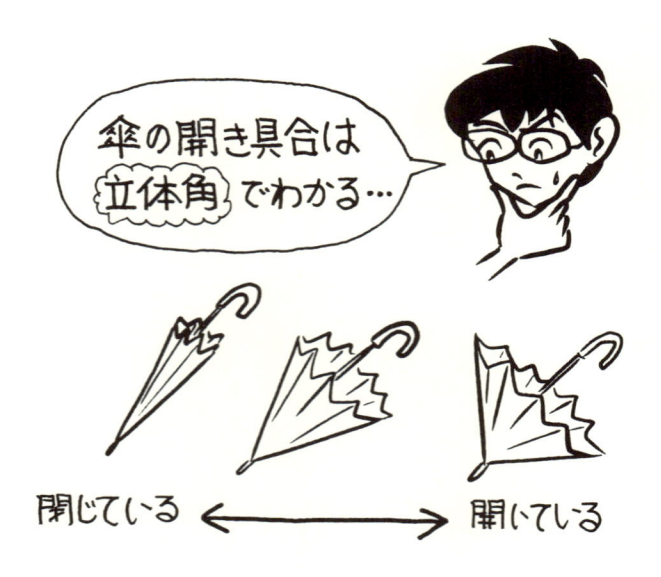

傘の開き具合は
立体角でわかる…

閉じている ⟵⟶ 開いている

★ R074 立体角 その2

Q 立体角を式で表すと？

A 立体角＝(立体が囲む球上の面積)/(半径)² ＝ S/r^2

弧度＝弧の長さ/半径＝l/r と、rの1乗で長さを割ったように、立体角では面積をrの2乗で割ることになります。

面積は m² や cm² など長さの2乗の単位ですから、それと合わせるようにrも2乗にしています。半径の2乗で割ることにより、立体角は実質的な単位のない比になります。

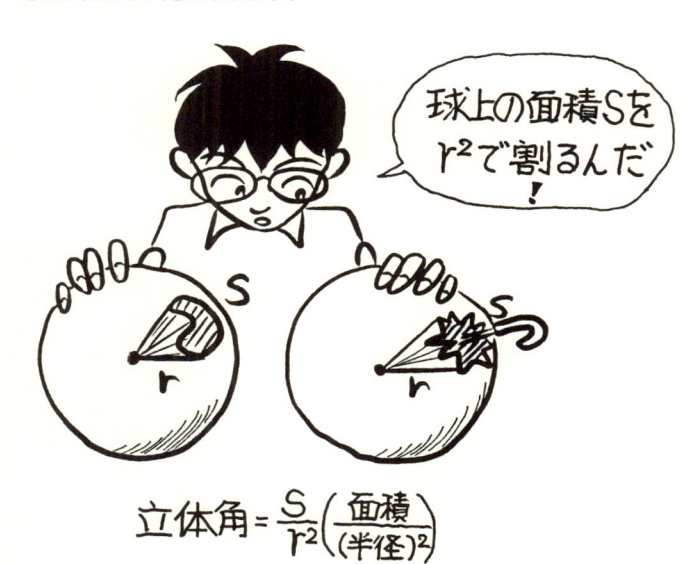

球上の面積Sをr^2で割るんだ！

$$立体角 = \frac{S}{r^2} \left(\frac{面積}{(半径)^2}\right)$$

★ **R075** 立体角　その3

Q 立体角の単位は？
▼
A sr（ステラジアン）

立体角＝(球上の面積)÷(半径)^{2}ですから、単位は分母・分子ともに長さの2乗となり、実質的な単位はありません。要するに、比になるわけです。

半径rの2乗（r^2）とは、一辺がrの正方形の面積です。球上の面積Sが、その正方形の面積r^2の何倍あるかを表したのがS/r^2です。S/r^2は立体角と呼ばれ、単位はステラジアン（steradian）を使います。

ラジアン（radian）は弧度の単位です。ステ（ste）は、立体的という意味の接頭語です。ステレオとは、音が立体的に聞こえることです。ラジアンに立体という意味のステを付けて、ステラジアンと命名しました。

ラジアンは長さの比！　　ステラジアンは面積の比！

弧度 $= \dfrac{\ell}{r}$ (rad)　　ラジアン　　長さ÷長さ

立体角 $= \dfrac{S}{r^2}$ (sr)　　ステラジアン　　面積÷面積

R076 立体角 その4

Q 1 球全体の立体角は？
2 半球の立体角は？

A 1 球全体の表面積 = $4\pi r^2$
球全体の立体角 = $(4\pi r^2)/r^2 = 4\pi$ (sr)
2 半球の表面積 = $(1/2) \cdot (4\pi r^2) = 2\pi r^2$
半球の立体角 = $(2\pi r^2)/r^2 = 2\pi$ (sr)

立体角は、球全体では 4π、半球では 2π となります。r^2 が約分されて、なくなっているのがわかります。半径の大きさによらず、立体角は一定となります。

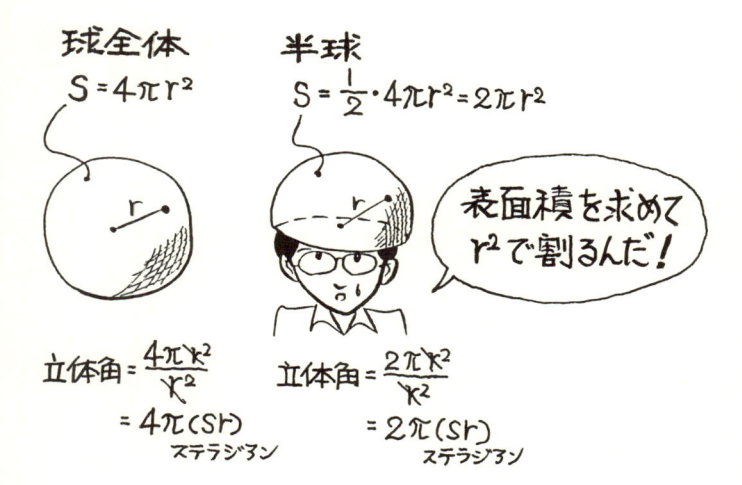

球全体
$S = 4\pi r^2$

半球
$S = \frac{1}{2} \cdot 4\pi r^2 = 2\pi r^2$

表面積を求めて r^2 で割るんだ！

立体角 = $\dfrac{4\pi r^2}{r^2}$
= 4π (sr)
ステラジアン

立体角 = $\dfrac{2\pi r^2}{r^2}$
= 2π (sr)
ステラジアン

★ R077 単位円・単位球 その1

Q 1 半径1mの場合、180°を弧度で表すと？
2 半径2mの場合、180°を弧度で表すと？

A 1 弧度=(弧の長さ)/(半径)=(2·π·1/2)/1 = π (rad)
2 弧度=(弧の長さ)/(半径)=(2·π·2/2)/2 = π (rad)

半径が1mだろうが2mだろうが3mだろうが、180°を弧度で表すとπとなります。180°の弧度が、半径によって変わってしまってはおかしなことになります。
どんな半径で計算しても、同じ角度の弧度は同じ値となります。同じ計算をするならば、半径が2や3で計算するよりも、1で計算した方が楽です。そこで、半径=1という円で計算する方法がよく使われます。単位もmでもcmでもmmでも同じわけですから、単位も関係ありません。
半径=1の円は**単位円**と呼ばれ、重宝されています。

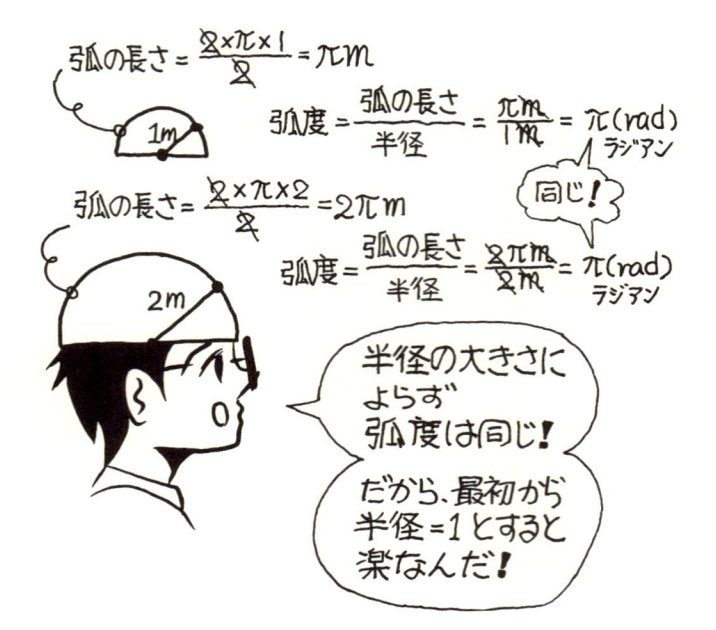

弧の長さ = $\frac{2 \times \pi \times 1}{2}$ = π m

弧度 = $\frac{弧の長さ}{半径}$ = $\frac{\pi m}{1 m}$ = π (rad) ラジアン

弧の長さ = $\frac{2 \times \pi \times 2}{2}$ = 2π m

弧度 = $\frac{弧の長さ}{半径}$ = $\frac{2\pi m}{2 m}$ = π (rad) ラジアン

同じ！

半径の大きさによらず
弧度は同じ！

だから、最初から
半径=1とすると
楽なんだ！

★ R078 単位円・単位球 その2

Q 1 半径1mの場合、半球の立体角は?
2 半径2mの場合、半球の立体角は?

A 1 立体角=(球上の面積)/(半径)^2=($4\cdot\pi\cdot1\cdot1/2$)/1^2=2π (sr)
2 立体角=(球上の面積)/(半径)^2=($4\cdot\pi\cdot2\cdot2/2$)/2^2=2π (sr)

半径が1mだろうが100mだろうが、半球を囲む角度を立体角で表すと、2πとなります。
どんな半径で計算しても、同じ立体角となります。同じ計算をするならば、半径を1で計算した方が楽です。mでもcmでもmmでも同じなので、単位は関係ありません。
半径=1の球は**単位球**と呼ばれ、単位円と同様によく使われます。

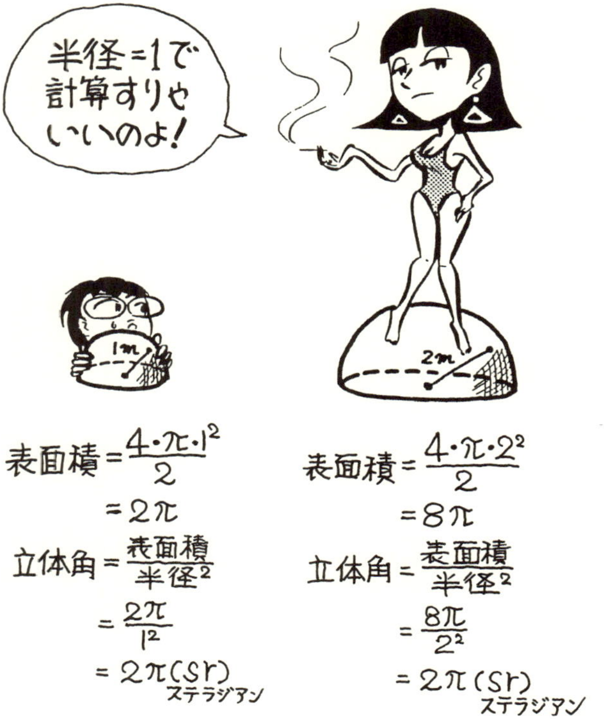

「半径=1で計算すりゃいいのよ!」

$$\text{表面積}=\frac{4\cdot\pi\cdot1^2}{2}=2\pi$$

$$\text{立体角}=\frac{\text{表面積}}{\text{半径}^2}=\frac{2\pi}{1^2}=2\pi\,(\text{sr})\text{ ステラジアン}$$

$$\text{表面積}=\frac{4\cdot\pi\cdot2^2}{2}=8\pi$$

$$\text{立体角}=\frac{\text{表面積}}{\text{半径}^2}=\frac{8\pi}{2^2}=2\pi\,(\text{sr})\text{ ステラジアン}$$

★ R079　　　　　　　　　　　　　　　　　立体角投射率　その1

Q 半径 r の半球を水平面に置き、真上から平行光線を当てたときに、水平面にできる影の面積は？

A πr^2

半球の影は円となります。円の面積 πr^2 が、半球の影の面積となります。
このように、平行光線で平面上に影を求める方法を、**投影**とか**投射**と呼びます。

R080

立体角投射率　その2

Q 半球の全方向を写すレンズは？

A 魚眼レンズ

魚眼レンズは、半球の全方向、水平方向で360°、垂直方向で180°を見渡す写真を撮ることができます。魚眼レンズで撮った写真から、建物がどれくらい空をさえぎっているかなどがわかります。

半球の中心から景色を見て、半球にいったん景色を投影して、さらに垂直に投影したものです。半球の底面に写されたものが、魚眼レンズの写真です。

実際の魚眼レンズはもっと複雑で、それを数学的な図法にするには、修正が必要になります。

★ R081　　　　　　　　　　　　　　　　　　　立体角投射率　その3

Q 立体角投射（立体角投影）とは？

A ある形の立体角で囲まれた半球面上の投影図を、さらに底円に投影すること、あるいは投影した図形のこと。

魚眼レンズで撮った写真は、この方法で水平面から上の全視界を、円の中に投影しています。ある形を半球の上に投影し、さらにその図を下の水平面に投影しています。

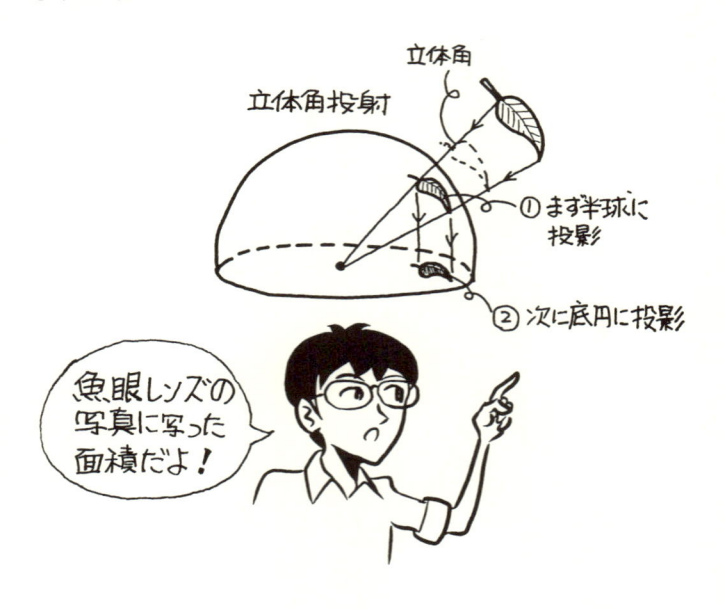

立体角投射

立体角

① まず半球に投影

② 次に底円に投影

魚眼レンズの写真に写った面積だよ！

★ R082 　立体角投射率　その4

Q 立体角投射（立体角投影）では、主に何を見る？

A 投影された面積

立体角投射は、ある形を半球に投影し（S′）、それを底円に投影します（S″）。その底円に投影された面積を扱うことが多いといえます。
底円の面積に比べて、S″ がどれくらいの面積なのかを考えることは、全視界に対してその形がどれくらいの面積を占めるのかを考えることになります。

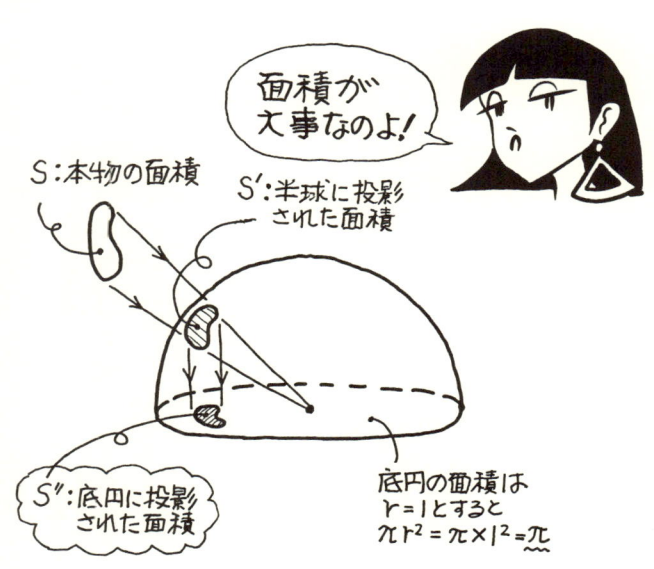

面積が大事なのよ！

S：本物の面積

S′：半球に投影された面積

S″：底円に投影された面積

底円の面積は
$r=1$ とすると
$\pi r^2 = \pi \times 1^2 = \pi$

★ **R083** 立体角投射率 その5

Q 立体角投射率を出す式は？

A （底円に立体角投影された面積）／（底円の面積）

魚眼レンズの写真でたとえるなら、その形の投影が写真の中でどの程度の面積を占めるかの割合です。50%なら、写真の半分の面積が占められていることになります。
つまり全視界のうち、ある形がどれくらいの面積を占めるかの割合です。ビルの圧迫感、空の広がり感、窓による開放感などを数字で表せます。

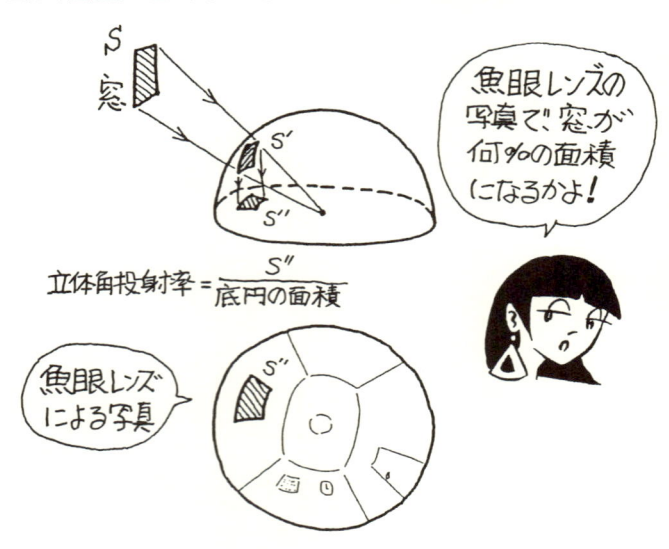

魚眼レンズの写真で、窓が何%の面積になるかよ！

$$立体角投射率 = \frac{S''}{底円の面積}$$

魚眼レンズによる写真

R084　立体角投射率　その6

Q ビルを道路から見た場合の立体角投射率は何を表す？

A 全視界に占めるビルの面積の割合、ビルの圧迫感を表します。

魚眼レンズで撮った写真の中で、ビルの占める面積の割合が立体角投射率です。ビルの占める面積が大きいということは、圧迫感が大きいということです。
ビルの圧迫感を数値化したものとして、立体角投射率が使われることがあります。

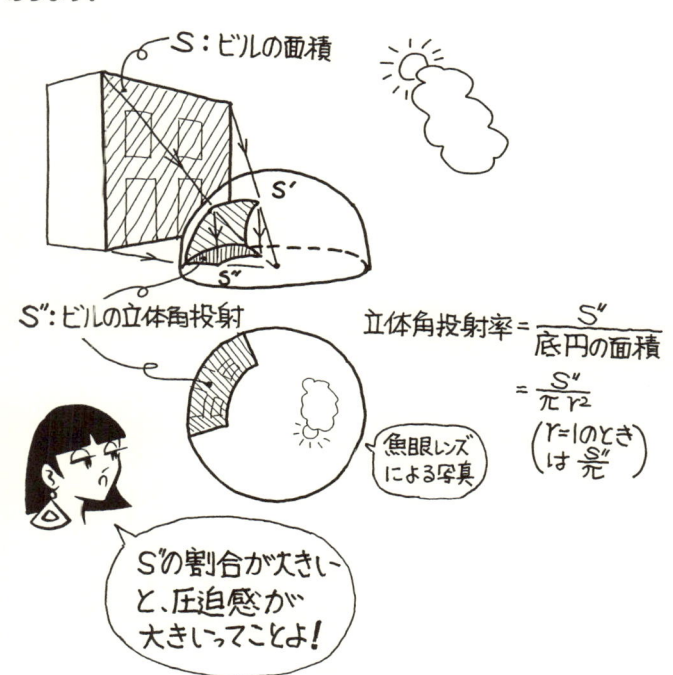

S：ビルの面積

S''：ビルの立体角投射

$$\text{立体角投射率} = \frac{S''}{\text{底円の面積}} = \frac{S''}{\pi r^2}$$

（$r=1$のときは $\frac{S''}{\pi}$）

魚眼レンズによる写真

S''の割合が大きいと、圧迫感が大きいってことよ！

R085 立体角投射率 その7

Q ビルを道路から見た場合、そのビル以外の空の立体角投射率は何を表す?

A 全視界に占める空の面積の割合、開放感を表します。

魚眼レンズで撮った写真の中で、ビルが占める面積以外の空の面積の割合が、空の立体角投射率です。空の占める面積が大きいということは、開放感が大きいということです。
空による開放感を数値化したものとして、立体角投射率が使われることがあります。前問のビルによる立体角投射率のちょうど逆の場合です。
空の立体角投射率は天空率とも呼ばれ、建築基準法でも登場します。あるひとつのビルに注目し、それ以外は空と仮定して(ほかの建物はないものとして)、天空率を計算します。それがある一定値以上だと、ビルの圧迫感が少ないと判断されて、建設が可能になるという規定です。

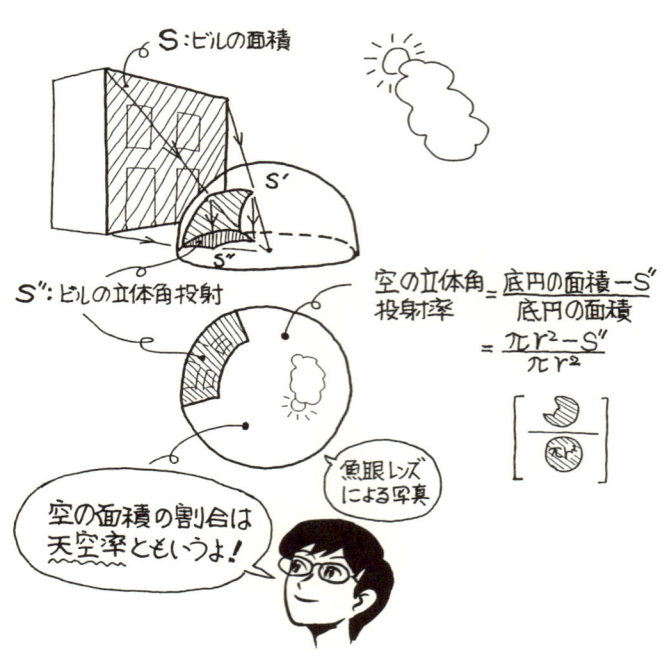

S:ビルの面積

S″:ビルの立体角投射

$$空の立体角投射率 = \frac{底円の面積 - S''}{底円の面積} = \frac{\pi r^2 - S''}{\pi r^2}$$

魚眼レンズによる写真

空の面積の割合は天空率ともいうよ!

R086　立体角投射率　その8

Q 窓を室内から見た場合の立体角投射率は何を表す？

A 全視界に占める窓の面積の割合、窓からの光の、水平面への効果を表します。

魚眼レンズで撮った写真の中で、窓が占める面積の割合が立体角投射率です。窓の占める面積が大きいということは、空の光を水平面に多く採り入れているということです。

$$\text{窓の立体角投射率} = \frac{S''}{\text{底円の面積}}$$

「魚眼レンズによる写真」

「窓の光の水平面への効果がわかるんだ！」

R087 立体角投射率 その9

Q 窓の面積の立体角投射率を求めることは、何と何の光の効果を比べていることになる？

A 窓の光の水平面への効果と、建物がなかった場合の全天空からの光の水平面への効果を比べていることになります。

全天空からの光を一様なものと仮定します。太陽からの直接光はとりあえず除外して考えます。建物を取り去った場合は、半球面全面に光が当たります。それを水平面へ投影すると、底円全体となります。

一方、窓からの光を魚眼レンズで写すと、立体角投影された面積分となります。窓の立体角投射率を求めることは、窓からの光の効果と、空全体からの光の効果を比べていることになります。

この割合は、**昼光率**と呼ばれます。天空の光をどれくらい採り入れられるか、天空のすべての光に対してどれくらい水平面が明るいかを示す割合です。窓の大きさより、机上照度を求める際などに使われます。

$$\text{窓の立体角投射率} = \frac{S''}{\text{底円の面積}} = \frac{\text{窓からの光の効果}}{\text{建物がないときの光の効果}}$$

R088 立体角投射率 その10

Q 水平面への光の効果を考える際に、半球面への投影 S′ ではなく、それをさらに水平面へ投影した S″ を使うのは？

A 水平面への光の効果は、光の垂直成分だけ有効となり、それを計算するには立体角投射された面積を使うからです。

ここは読んでわからなくても、気にせずに先に進んでください。
見かけ上の面積は、半球面への投影面積 S′ ですが、考えているのは水平面への光の効果です。
完全に水平な光は、水平面への効果はゼロです。垂直な光は水平面への効果は 100% です。光の強さを F とすると、$F\cos\theta$ が垂直成分となります。その $F\cos\theta$ 分だけ水平面に効果があります。
下図で半球面上の小さな面積 S′ とそれの投影 S″ を考えます。S″ = S′$\cos\theta$ です。見かけの面積を水平面へ投影した場合、$\cos\theta$ がかけられたことになります。
ということは、水平面へ投影された面積 S″ を比較すれば、光の量の $\cos\theta$ 分を比較したのと同じになります。S″ が 2 倍になれば、水平面への光の効果量は 2 倍になります。ですから立体角投射を使い、立体角投射率を使うのです。

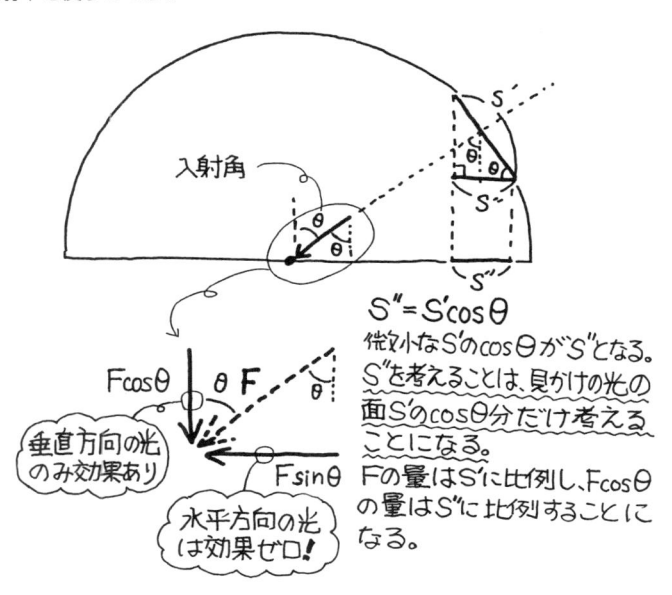

S″ = S′$\cos\theta$
微小な S′の$\cos\theta$ が S″となる。
S″を考えることは、見かけの光の面 S′の$\cos\theta$ 分だけ考えることになる。
F の量は S′に比例し、$F\cos\theta$ の量は S″に比例することになる。

入射角

垂直方向の光のみ効果あり
水平方向の光は効果ゼロ!

R089 ベクトル その1

Q ベクトルとは？

A 大きさと方向を併せ持つ量

たとえば、北東の「方向」へ5mの「長さ」だけ移動する場合、5mという「大きさ」（長さも大きさの一種）、北東という「方向」の2つを併せ持つ量なので、ベクトルとなります。

同様に南に10m、東に100kmなどの移動も、ベクトルとなります。移動の場合、単に5mとした場合よりも、方向が入った量の方が、扱いやすくなります。

北に10m行って、南に5m行く。歩いた量は15mですが、移動した結果は5mしかありません。方向が関係するからです。ですから、大きさだけ扱うのではなく、方向も同時に扱うのです。

ベクトルは構造力学での力ばかりでなく、光、熱、風速などにも関係します。建築の基本中の基本ですので、高校でさぼっていた人も、ここでしっかりとマスターしておきましょう。

R090　ベクトル　その2

Q A点からB点への移動を、ベクトルの記号で書くと？

A $\vec{AB}$

A点からB点への移動は、大きさと方向を併せ持つ量なので、ベクトルとなります。AからBへのベクトルは、その順番に $\vec{AB}$ と書きます。

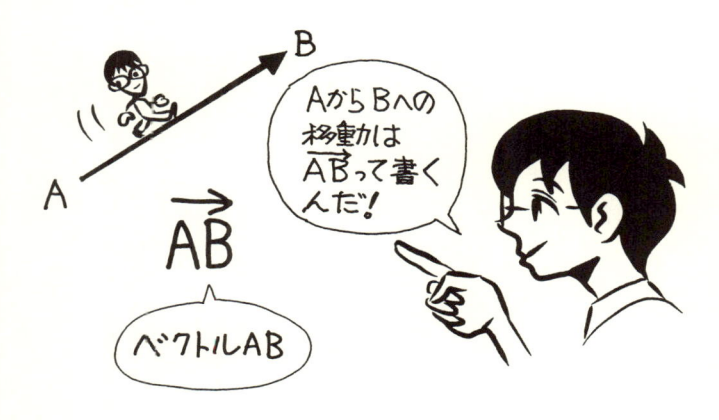

R091　ベクトル　その3

Q AからBに移動し、その後、BからCに移動しました。この移動をベクトルの式で表すと？

A $\vec{AB} + \vec{BC} = \vec{AC}$

移動は、大きさと方向を併せ持つベクトルです。
AからBに移動して、BからCへ移動したら、結果的にAからCに移動したことになります。これはベクトルの足し算です。
ベクトルの足し算は、このように、ベクトルの始点と終点を順につないでいき、結果的に最初の始点と最後の終点がつながるというものです。

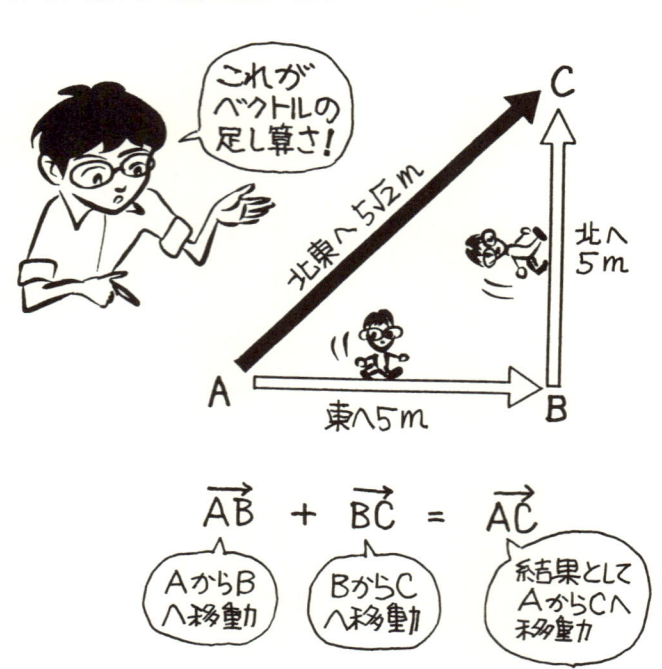

★ R092 ベクトル その4

Q AからBに移動し、BからCに移動し、CからDに移動し、DからEに移動し、EからFに移動しました。この移動をベクトルの式で書くと？

A $\vec{AB}+\vec{BC}+\vec{CD}+\vec{DE}+\vec{EF}=\vec{AF}$

Aから順々に移動していって、最終的にFにたどり着いた場合、それぞれのベクトルの足し算が最終的にベクトル $\vec{AF}$ になったということです。
このように、ベクトルの終点と始点（矢の先と矢の尻）をつないでいくことで、ベクトルの足し算ができます。

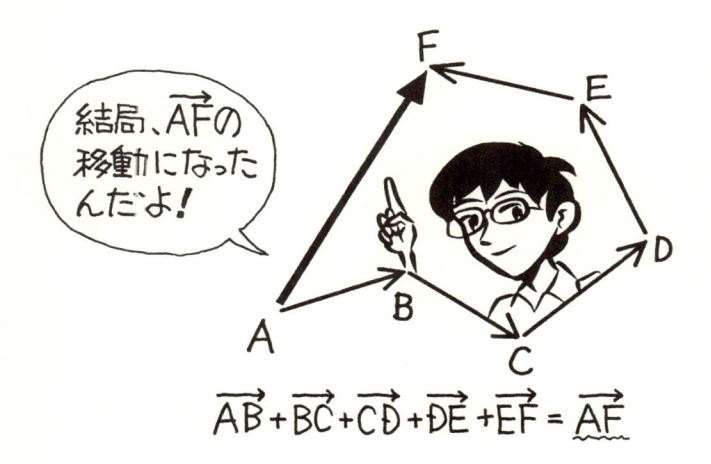

「結局、$\vec{AF}$ の移動になったんだよ！」

$$\vec{AB}+\vec{BC}+\vec{CD}+\vec{DE}+\vec{EF}=\vec{AF}$$

★ R093　　　　　　　　　　　　　　　　　　　　ベクトル　その5

Q ベクトルは平行移動すると、変わる？　同じ？

A 同じです。

　ベクトルは、大きさと方向を併せ持つ量です。ベクトルを平行移動しても、大きさと方向は変わらないので同じです。
　北東へ5m移動するというベクトルは、どこでやっても同じです。
　東京から北東へ5km、大阪から北東へ5kmでは違う地点に着きますが、移動した部分だけ見ると、同じ移動になります。北東へ5m、南西へ100kmといった移動のベクトルは、東京だろうが、大阪だろうが、ニューヨークだろうが同じなのです。

R094 — ベクトル その6

Q Aから東に6m移動してBに着き、次に西に3m移動してCに着きました。結果的にAからCへは、どちらにどれくらい移動したことになる?

A 東に3m

当たり前ではありますが、これは非常に重要な概念です。単純に6m + 3m = 9mと足し算できないのは、方向が違うからです。
ベクトルの足し算は、方向が関係するので、どちらの方向かを加味して考えなければなりません。ベクトルは大きさと方向を併せ持つ量ということを、再度、この例で実感してください。
単純に足し算できる量は、ベクトルに対して**スカラー**と呼ばれます。スカラーは**大きさだけの量**で、**方向は持ちません**。上記の例でいえば、移動量です。トータルの移動量は、6m + 3m = 9mとなります。

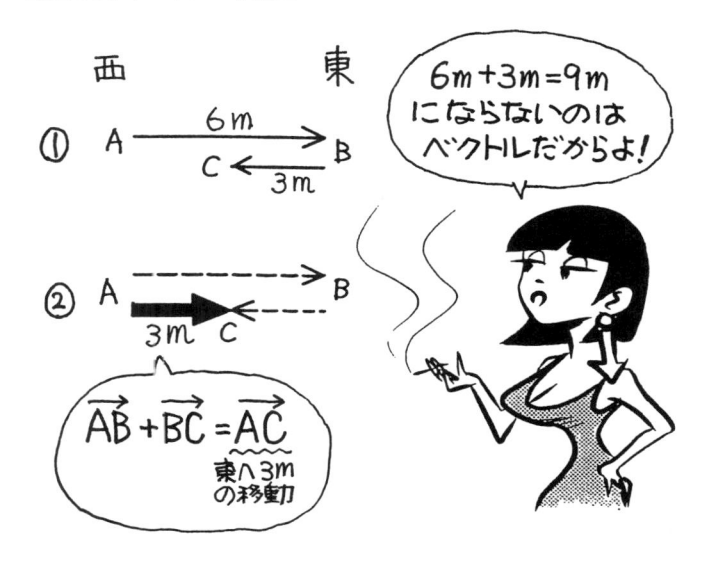

西　　　　　東

① A —6m→ B
　　 C ←3m— B

② A ---→ B
　 —3m→ C

$\vec{AB} + \vec{BC} = \vec{AC}$
東へ3mの移動

6m+3m=9m
にならないのは
ベクトルだからよ!

ベクトル その7

Q ベクトルの足し算、$\vec{AB} + \vec{BC} = \vec{AC}$ を図形上でする場合の2通りの方法は？

A 方法1：ベクトル（矢印）の終点と始点（矢印の頭と尻）をつないで、三角形の対角線をつくる方法
方法2：ベクトル $\vec{BC}$ を平行移動して、BをAまで移動し、平行四辺形の対角線をつくる方法

方法1は、移動を例にとって説明しました。A→Bという移動と、B→Cという移動を足せば、結果的にA→Cという移動になります。図形的には、三角形の対角線となります。
方法1でつくった三角形のベクトル $\vec{BC}$ をAまで平行移動すれば、ベクトルACは平行四辺形の対角線となります。これが方法2です。
ベクトルは大きさと方向を併せ持つ量です。ということは、大きさと方向さえ同じならば、同じベクトルなのです。平行移動しても同じということです。
三角形で対角線をつくる方法、平行四辺形で対角線をつくる方法は覚えておきましょう。

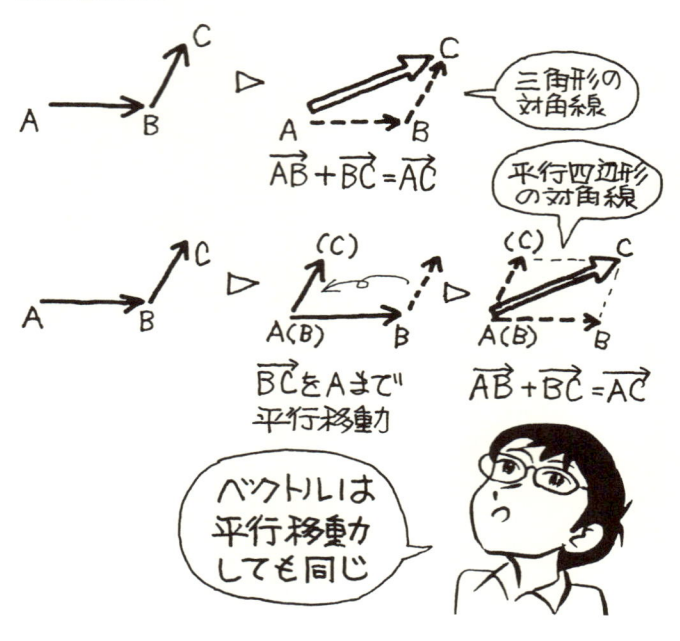

$\vec{AB} + \vec{BC} = \vec{AC}$ 三角形の対角線

平行四辺形の対角線

$\vec{BC}$ をAまで平行移動 $\vec{AB} + \vec{BC} = \vec{AC}$

「ベクトルは平行移動しても同じ」

★ R096　　　　　　　　　　　　　　　　ベクトル　その8

Q 1　下図で $\vec{AB} + \vec{BC}$ を作図してください。
2　下図で $\vec{AB} + \vec{AD}$ を作図してください。
3　下図で $\vec{AB} + \vec{EF}$ を作図してください。

A 1　Q1は、三角形の対角線です。移動を考えればわかりやすくなります。A→Bと移動したあとに、B→Cと移動すると、結果的にA→Cと移動したことになります。
2　Q2は、平行四辺形の対角線です。三角形の形の片方のベクトルを平行移動すれば、平行四辺形の形になります。
3　Q3は、ベクトルどうしが離れた形ですが、平行移動すると三角形の形か、平行四辺形の形にすることができます。

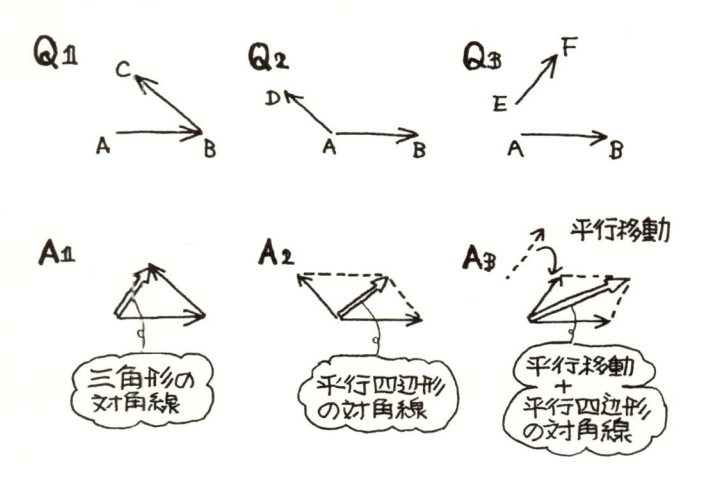

Q1：三角形 ABC（A→B, B→C の矢印）
Q2：A→B, A→D の矢印
Q3：A→B と、離れた位置の E→F の矢印

A1：三角形の対角線
A2：平行四辺形の対角線
A3：平行移動 ＋ 平行四辺形の対角線

R097 ベクトル その9

Q ベクトルとして扱える実例を挙げると？

A 移動、速度、加速度、力、モーメント、熱、光、音など

大きさと方向を併せ持つ量ならば、何でもベクトルとして扱えます。その場合、前述したように、ベクトルとして足し算もできます。

「大きさと方向があれば…」

「何でもベクトルとして扱えるのよ！」

5km 東南 → 5km、東南へ移動

$9.8 m/s^2$ ↓ → $9.8 m/s^2$、下向きの加速度

100N ← → 100N、左向きの力

10N·m → 10N·m、右回りのモーメント

ベクトル その10

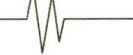

R098

Q x方向に4、y方向に3移動するベクトルを成分表示すると？

A (4,3)

ベクトルは、成分表示すると数値として扱いやすく、便利です。
ベクトルの成分表示は、x成分とy成分に分けて、かっこに入れて表示します。横方向（x方向）の右に4、縦方向（y方向）の上に3移動した場合、(4,3)と表すことができます。

右に4行って上に3行くベクトルは(4,3)だよ!

R099 ベクトル その11

Q ベクトル $(4, 3)$ の大きさは?

A $\sqrt{4^2 + 3^2} = \sqrt{25} = 5$ だから、大きさは5

三平方の定理「直角三角形の斜辺の2乗＝ほかの2辺の2乗の和」を使って、ベクトルの大きさを求めます。

「三平方の定理ぐらい覚えておきなさい！」

$a^2 = 4^2 + 3^2$
$a^2 = 25$
$a = \pm\sqrt{25} = \pm 5$
$\therefore a = 5 \ (a > 0)$

R100　ベクトル　その12

Q 左に3行って，下に4行くベクトルを成分表示すると？

A $(-3, -4)$

x 方向は右が正、左が負、y 方向は上が正、下が負とします。座標と同じ考え方です。

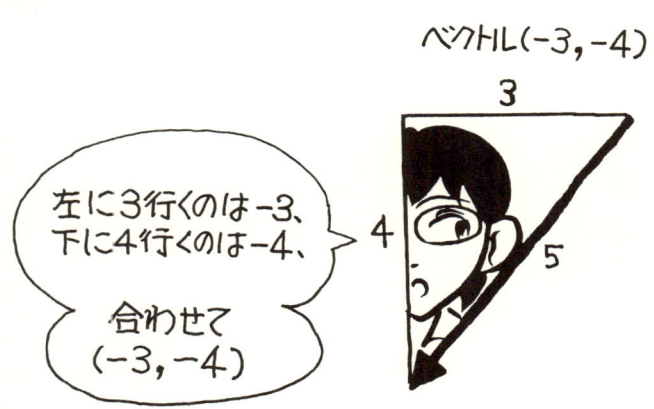

ベクトル$(-3, -4)$

左に3行くのは-3、
下に4行くのは-4、

合わせて
$(-3, -4)$

★ **R101** ベクトル その13

Q ベクトル (3,2) とベクトル (3,4) を足すと？

A $(3,2)+(3,4)=(6,6)$

x の値（x 成分）どうし、y の値（y 成分）どうしを足し算すると、ベクトルの足し算ができます。ベクトルの足し算が簡単にできるので、成分表示は便利です。

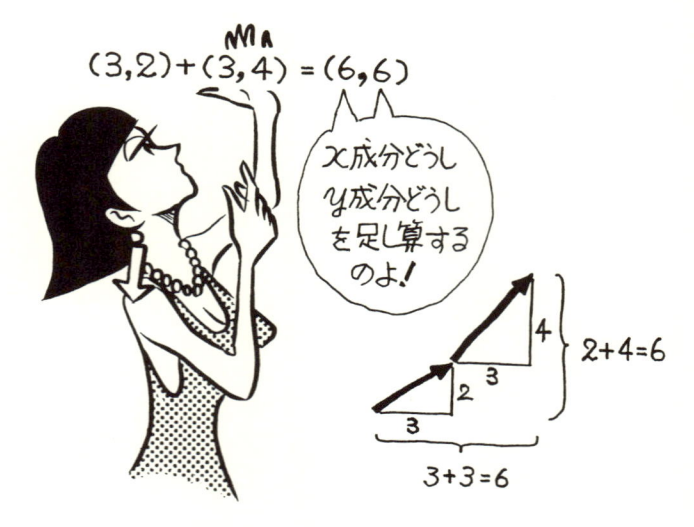

R102 ベクトル その14

Q ベクトル (3,1)、ベクトル (1,3)、ベクトル (−1,3) の足し算をすると？

A $(3,1)+(1,3)+(-1,3)=(3+1-1, 1+3+3)=(3,7)$

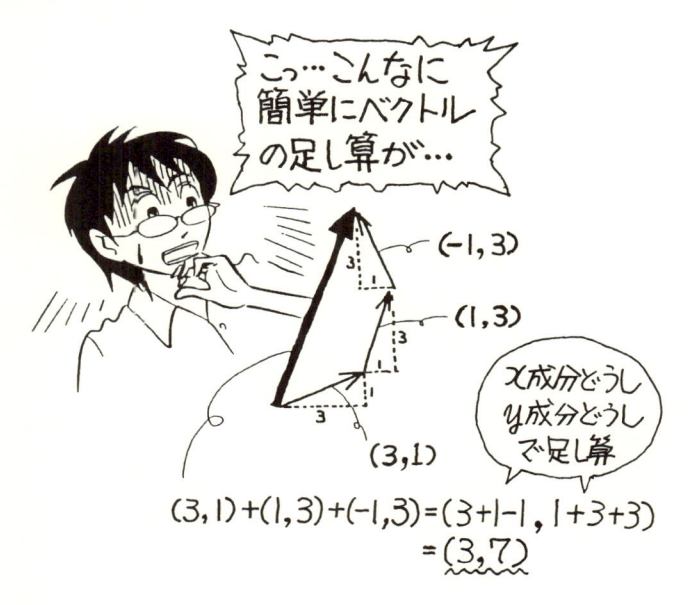

x成分どうし、y成分どうしを足し算すれば、機械的にベクトルの足し算ができます。ベクトルの数が多い場合は、この方法が簡単です。

こっ…こんなに簡単にベクトルの足し算が…

(−1,3)
(1,3)
(3,1)

x成分どうし y成分どうし で足し算

$(3,1)+(1,3)+(-1,3)=(3+1-1, 1+3+3)$
$=(3,7)$

★ R103　　　　　　　　　　　　　ベクトル　その15

Q ベクトル (2,1) とベクトル (1,2) を足した場合、そのベクトルの大きさと方向は？

A 大きさは $3\sqrt{2}$、方向は $45°$

まずベクトルの足し算をすると、$(2,1)+(1,2)=(3,3)$ となります。
ベクトルの大きさをaとすると、$a^2=3^2+3^2$ から、$a=3\sqrt{2}$
x軸と成す角を θ とすると、$\tan\theta=(y成分)/(x成分)=3/3=1$。よって、$\tan\theta=1$ となる角度は $45°$ とわかります。
一般に $\tan\theta$ を求めると、0.25 とか 1.25 などの数字が出てきます。その場合は、タンジェントの数表で 0.25 の角度、1.25 の角度を求めます。
このように、ベクトルを成分表示すれば、大きさ、角度を簡単に求めることができます。

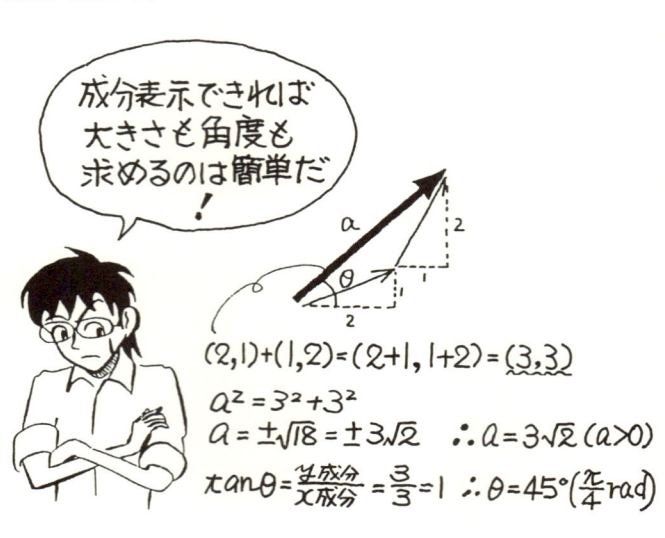

成分表示できれば大きさも角度も求めるのは簡単だ！

$(2,1)+(1,2)=(2+1,1+2)=(3,3)$

$a^2=3^2+3^2$

$a=\pm\sqrt{18}=\pm3\sqrt{2}$ ∴ $a=3\sqrt{2}$ $(a>0)$

$\tan\theta=\dfrac{y成分}{x成分}=\dfrac{3}{3}=1$ ∴ $\theta=45°\left(\dfrac{\pi}{4}rad\right)$

R104 ベクトル その16

Q 座標上のA点 (1,4) からB点 (4,2) に移動するベクトルは？

A $(3,-2)$

B点の座標からA点の座標を引くと、ベクトル $\overrightarrow{AB}$ が出ます。

$$(4,2)-(1,4)=(4-1, 2-4)=(3,-2)$$

よって、ベクトル $\overrightarrow{AB}=(3,-2)$ となります。

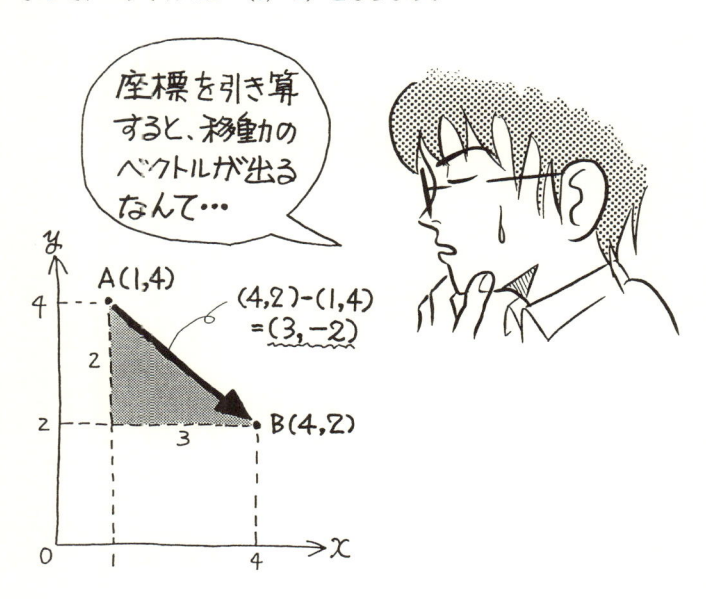

座標を引き算すると、移動のベクトルが出るなんて…

★ R105　　　　　　　　　　　　　　　ベクトル　その17

Q ベクトル $\vec{OB}=(4,2)$ から、ベクトル $\vec{OA}=(1,4)$ を引くと？

A $\vec{OB}-\vec{OA}=(4,2)-(1,4)=(4-1,2-4)=(3,-2)$

前問の座標の引き算のように、AからBへ行くベクトル $\vec{AB}$ を求めたやり方と、ほとんど同じ式でできます。
ベクトルの引き算も、x 成分どうし、y 成分どうしで引き算すればよいのです。
A点の座標 $(1,4)$ は、ベクトル $\vec{OA}$ の成分表示でもあります。同様に、B点の座標 $(4,2)$ は、ベクトル $\vec{OB}$ の成分表示です。
ベクトル $\vec{AB}$ は、$\vec{OB}-\vec{OA}$ で求めることができます。なぜなら、

$$\vec{OA}+\vec{AB}=\vec{OB}$$

という足し算の式で、左辺の $\vec{OA}$ を右辺に移項したら、

$$\vec{AB}=\vec{OB}-\vec{OA}$$

という式になるからです。
座標とはベクトルの成分表示でもある、座標間の移動のベクトルはベクトルの引き算で出せる、という2点をよく覚えておきましょう。

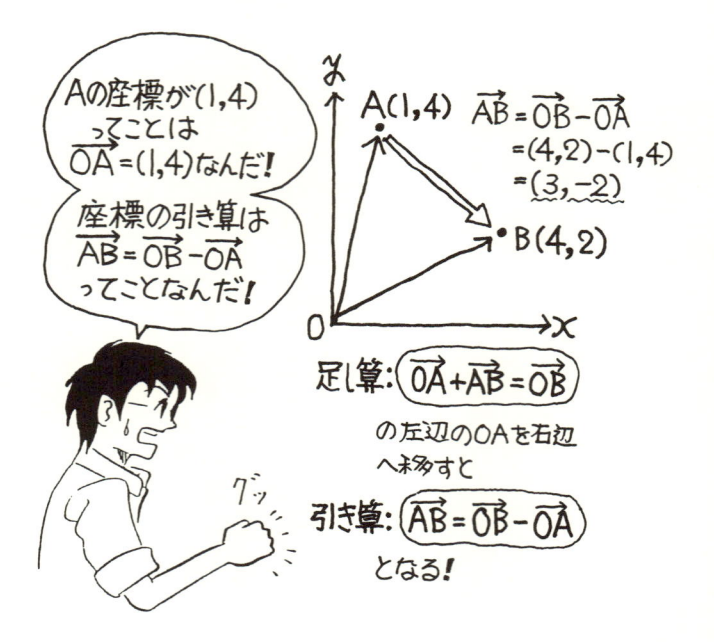

「Aの座標が$(1,4)$ってことは $\vec{OA}=(1,4)$ なんだ！」

「座標の引き算は $\vec{AB}=\vec{OB}-\vec{OA}$ ってことなんだ！」

$\vec{AB}=\vec{OB}-\vec{OA}$
$=(4,2)-(1,4)$
$=(3,-2)$

A$(1,4)$　B$(4,2)$

足し算：$\vec{OA}+\vec{AB}=\vec{OB}$

の左辺のOAを右辺へ移すと

引き算：$\vec{AB}=\vec{OB}-\vec{OA}$

となる！

112

R106 ベクトル その18

Q ベクトル $\vec{XY}$ を、ベクトル $\vec{OX}$、$\vec{OY}$ を使って表すと？

A $\vec{XY} = \vec{OY} - \vec{OX}$

「O点からX点に移動し、次にX点からY点に移動すると、結果的にO点からY点に移動したことになる」をベクトルで表現すると、以下のようになります。

$$\vec{OX} + \vec{XY} = \vec{OY}$$

ベクトルの足し算です。左辺の $\vec{OX}$ を右辺に移項すると、

$$\vec{XY} = \vec{OY} - \vec{OX}$$

と、引き算になります。
「矢印＝前－後」と覚えておきましょう。ベクトルでも座標でも、前（先端）マイナス後（尻）です。

R107 ベクトル その19

Q X点の座標が $(3,1)$、Y点の座標が $(1,3)$ のとき、ベクトル $\overrightarrow{XY}$ は？

A $\overrightarrow{XY} = \overrightarrow{OY} - \overrightarrow{OX} = (1,3) - (3,1) = (1-3, 3-1) = (-2, 2)$

「矢印＝前－後」であるのは、座標でもベクトルでも同じです。
座標は、原点Oを起点とするベクトルの成分表示でもあるからです。

★ R108　　　　　ベクトル　その20

Q ベクトル $\vec{OA}=(4,3)$ を、x方向のベクトル $\vec{OX}$ と y方向のベクトル $\vec{OY}$ の足し算で表すと、ベクトル $\vec{OX}$、$\vec{OY}$ は？

A $\vec{OA}=(4,3)=(4,0)+(0,3)$
だから、$\vec{OX}=(4,0)$、$\vec{OY}=(0,3)$ となります。

■ ベクトル $\vec{OA}$ の x 成分は、x方向のベクトル $\vec{OX}$ の大きさ、ベクトル $\vec{OA}$ の y 成分は、y方向のベクトル $\vec{OY}$ の大きさでもあります。

$$\vec{OA}=\vec{OX}+\vec{OY}$$

このように、x方向とy方向の「2つのベクトルの足し算」にすることは、x方向とy方向の「2つのベクトルに分解」したことにもなります。x方向、y方向への分解は、よく出てきます。

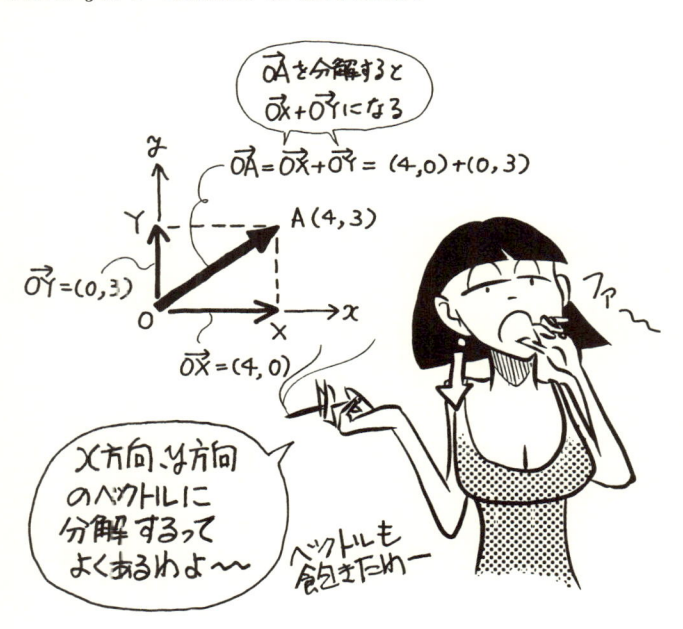

★ R109　　　　　　　　　　　　　　　　　　　　　力　その1

Q 力の3要素とは？

A 大きさ、方向、作用点

大きさと方向を持つということは、力でもあり、ベクトルでもあります。
力の場合は、作用点が加わります。

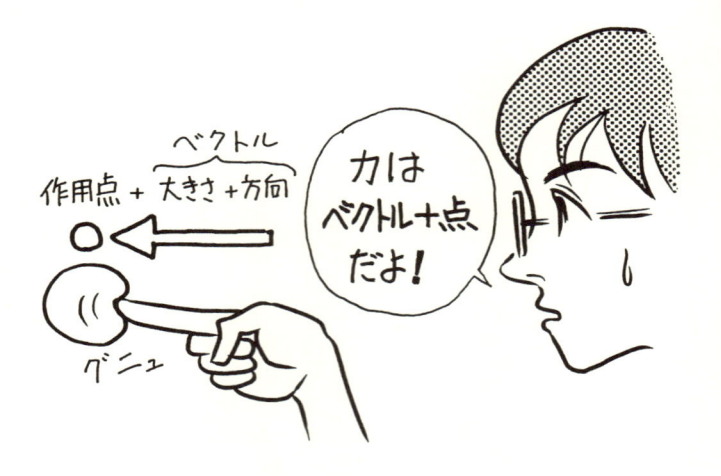

★ **R110** 力 その2

Q 1 ベクトルをそのまま平行移動すると、(同じ、違う) ベクトル？
2 力をそのまま平行移動すると、(同じ、違う) 力？

A 1 同じ
2 違う

ベクトルは「大きさと方向を併せ持つ量」なので、大きさと方向が同じならば同じベクトルです。ですから、ベクトルを平行移動しても同じベクトルです。
たとえば、北へ5m移動することは、どこでやっても、同じ移動となります。
一方、力は「大きさ、方向、作用点」の3要素で決まります。3要素ともに同じでないと、同じ力にはなりません。平行移動すると、作用点がずれてしまいます。

★ R111　　　　　　　　　　　　力　その3

Q 動かしても力の効果が同じ場合とは？

A 作用線（力のベクトルの延長線）上で動かした場合

作用線上で動かしても、力は同じ効果を発揮します。ということは、同じ力ということです。
　作用線をわかりやすくたとえれば、ロープを引っ張る場合と一緒です。ロープをどの位置で引いても、効果は同じです。この場合、ロープが作用線です。

★ R112　　　　　　力　その4

Q 力のモーメントとは？

A 物体を回そうとする働き、能力のこと。力×腕の長さで計算できます。

回そうとする働きがモーメントよ！

力のモーメント = 力×腕の長さ
　　　　　　　= F×a

★ R113　　　　　　　　　　　　　力　その5

Q 1　力が10N、腕の長さが10cmのとき、モーメントは？
　 2　力が10N、腕の長さが20cmのとき、モーメントは？

A 1　モーメント＝力×腕の長さ＝10N×10cm＝100N・cm（＝1N・m）
　 2　モーメント＝力×腕の長さ＝10N×20cm＝200N・cm（＝2N・m）

回す中心からなるべく遠い位置で力をかけた方が、モーメントが大きくなります。
たとえばスパナを回す場合、なるべく外側を持った方が、同じ力でもモーメントが大きくなり、楽に回すことができます。
モーメントは力×距離なので、単位はN・cm（ニュートン・センチメートル）とかN・m（ニュートン・メートル）などとなります。

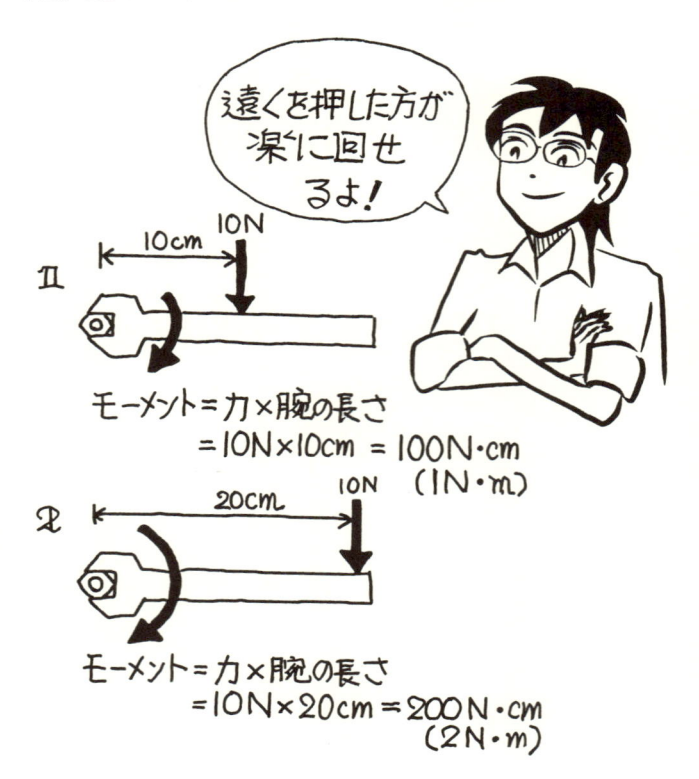

遠くを押した方が楽に回せるよ！

Ⅰ
モーメント＝力×腕の長さ
　　　　　＝10N×10cm＝100N・cm
　　　　　　　　　　　　（1N・m）

Ⅱ
モーメント＝力×腕の長さ
　　　　　＝10N×20cm＝200N・cm
　　　　　　　　　　　　（2N・m）

R114

力 その6

Q シーソーに50kgの人と100kgの人が乗っています。50kgの人が支点（中心）から2mの位置に座っているとき、100kgの人は支点から何mの位置に座ればシーソーは水平になる？

A 1m

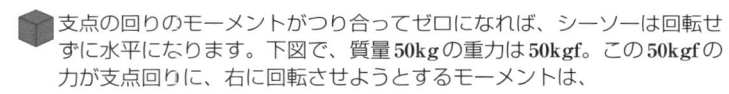

支点の回りのモーメントがつり合ってゼロになれば、シーソーは回転せずに水平になります。下図で、質量50kgの重力は50kgf。この50kgfの力が支点回りに、右に回転させようとするモーメントは、

　　右回りのモーメント＝ 50kgf × 2m ＝ 100kgf·m

です。一方、支点からxだけ離れている100kgfの重力が、支点回りに左に回転させようとするモーメントは、

　　左回りのモーメント＝ 100kgf × x m ＝ 100x kgf·m

です。この両方のモーメントが等しくなると、打ち消し合ってモーメントはつり合い、モーメントはないのと同じになります。モーメントがないと、回転させる働きはないわけですから、シーソーは回転しないで水平になります。両者を等しいと置くと、

　　$100x = 100$、よって $x = 1\,(\mathrm{m})$

となり、100kgの人は支点から1mの位置に座ればよいことがわかります。

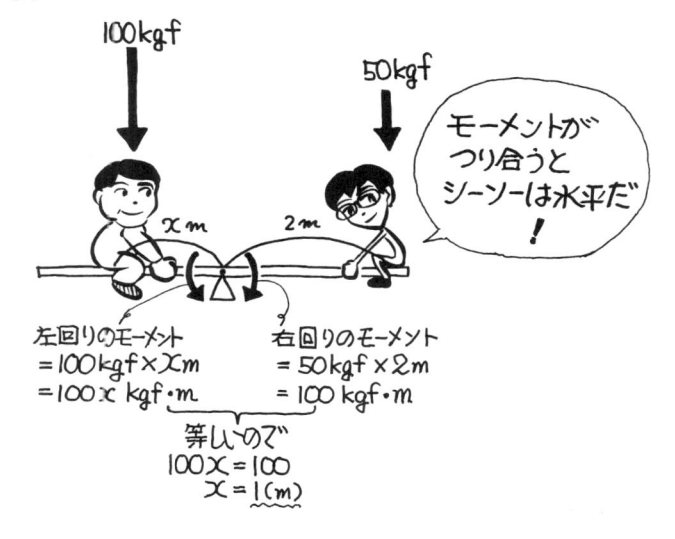

★ **R115**　　　　　　　　　　　　　　　　　　　力　その7

Q AがBを50kgfで押した場合、AはBからどういう力を受ける？

A Aは、一直線上反対向きに50kgfの力をBから受けます。これは作用に対する反作用で、作用・反作用の法則といいます。

作用があれば、必ず反作用があります。大きさは等しく、一直線上反対向きです。
「作用・反作用」は、2物体間における力のやり取り、「つり合い」は1物体に対して働く力のことです。
間違いやすいので、「作用・反作用は2つの物」「つり合いは1つの物」と覚えておきましょう。

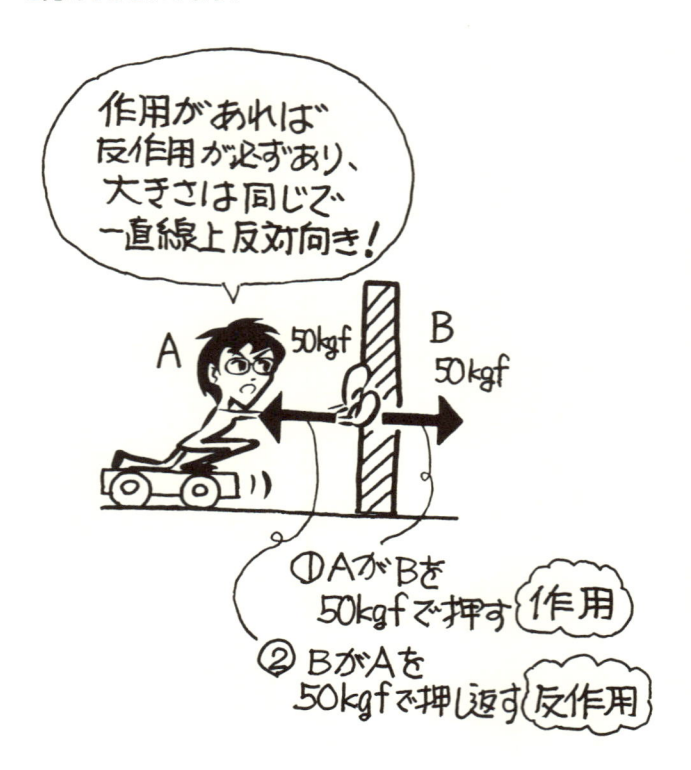

作用があれば反作用が必ずあり、大きさは同じで一直線上反対向き！

① AがBを50kgfで押す（作用）
② BがAを50kgfで押し返す（反作用）

★ R116　　　　　　　　　　　　　　　　　　　　力　その8

Q ある物体が静止している場合、外から加わる力（外力）はどういう状態？

A 静止しているので、外力はないか、つり合っていることになります。

物体に力を加えると、力の方向に加速度が生じます。静止している場合は、動いていないわけですから、外から加わる外力がないか、もしくはつり合っていることになります。
力がつり合っていると、外力がない場合と同じように加速度は生じません。等速度運動をしている物体も、加速度がないので、力はつり合っていることになります。
建築では静止している物体を主に扱います。ということは、力はどこにおいてもつり合っていることになります。構造の式は、ほとんどがつり合い条件から導かれたものです。
力がつり合っているということは、力が働いていないのと同じで、加速度は生じず、静止した状態のままです。ただし、内部には力が伝わるので、物体を変形させたりします。内部に働く力については、また別にお話しします。

★ R117　力 その9

Q ある物体に、右向きの力50Nと左向きの力50Nがかかっています。両方の力が同一直線上にない場合（ずれている場合）、物体はどうなる？

A 回転します。

右向きと左向きで大きさが同じならば、x方向（横方向）だけ考えればつり合っています。しかし、力の作用線がずれているので、モーメントが発生してしまいます。

下図で、力が中心からそれぞれxだけ離れているとします。中心に対するモーメントは、各々$50\text{N} \times x\text{m} = 50x\text{N}\cdot\text{m}$ですから、2つ合わせると$100x\text{N}\cdot\text{m}$となります。

同じ大きさで反対向きで作用線のずれているペアの力は、偶力といいます。偶力とは、モーメントの特別バージョンです。

偶力があると、つり合いの式で、x、y方向（横方向、縦方向）だけを考えるとゼロになるので、つり合っているようにも思えます。しかし、モーメントがあるので、物体は回転してしまうのです。つり合いを考える際には、偶力は要注意です。

偶力の大きさは、**一方の力の大きさ×両者の距離**でも出ます。どこを中心にしてモーメントを計算しても、この大きさになります。

〔χ方向でつり合っても作用線がずれてたら回っちゃうのよ！〕

〔モーメントの特別バージョンって偶力っていうのよ！〕

左回りのモーメント $= 50\text{N} \times x\text{m} + 50\text{N} \times x\text{m}$
$= 50\text{N} \times 2x\text{m}$　2つの力のずれ
$= 100x\text{ N}\cdot\text{m}$

偶力 $= F \times a$

★ R118　力　その10

Q ある物体に左から右へ5N、右から左へ5Nのペアの力が、2mずれてかかっています。モーメント（偶力）の大きさは？

▼

A 偶力の大きさ＝一方の力の大きさ×両者の距離＝ $5N \times 2m = 10N \cdot m$

O点におけるモーメントを考えると、それぞれの力は支点からの距離が1mとなるので、

　　O点のモーメント＝ $5N \times 1m + 5N \times 1m = 10N \cdot m$

となります。
A点におけるモーメントを考えると、左からかかる力は腕の長さがないので、モーメントはゼロです。右からかかる力は、腕の長さが2mだから、

　　A点のモーメント＝ $5N \times 2m = 10N \cdot m$

となります。O点でもA点でも、モーメントの大きさは同じです。
このように偶力の場合は、モーメントはどこを中心に計算しても同じになります。

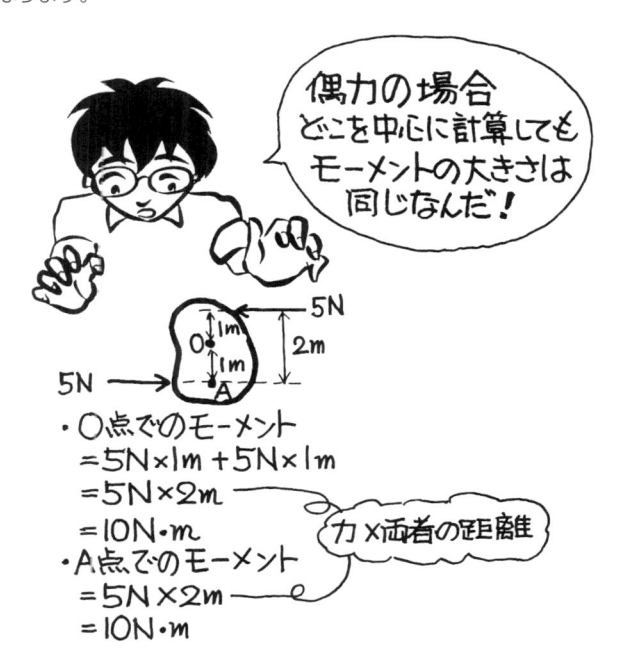

偶力の場合
どこを中心に計算しても
モーメントの大きさは
同じなんだ！

- O点でのモーメント
  ＝5N×1m＋5N×1m
  ＝5N×2m
  ＝10N・m
- A点でのモーメント
  ＝5N×2m
  ＝10N・m

力×両者の距離

★ R119　力　その11

Q ある物体に外から加わる力（外力）をx方向、y方向にすべて分解したとします。物体がつり合って静止している条件は？

A x方向の力の和 $= 0$（x方向の力のつり合い）
y方向の力の和 $= 0$（y方向の力のつり合い）
任意の点におけるモーメントの和 $= 0$（モーメントのつり合い）

x、y、M（モーメント）の3つがゼロ、3つともつり合っている状態がつり合い条件です。x、y方向だけのつり合い条件だと、偶力があった場合、見つけることができません。
x方向の力の和 $= 0$、かつ、y方向の力の和 $= 0$であったとしても、力の作用線がずれていると、偶力が発生してしまいます。これでは物体は回転してしまいます。
偶力がないという条件のために、**モーメントの和 $= 0$**が必要になります。どこを中心とするモーメントかは、どこでもかまいません。任意の点、適当に選んだ点でのモーメントの和を求め、ゼロであることを確認できればいいわけです。

> x方向の力の和 $=0$
> y方向の力の和 $=0$
> のほかに
> モーメントの和 $=0$
> がいるのよ！

> 上に4N、下に4Nの力は
> y方向ではつり合う
> しかし！

> ずれているので、モーメント
> （偶力）が発生する！！

★ R120 三角形の比 その1

Q 直角三角形の直角をはさむ辺の比が 3 : 4 のとき、斜辺は？

A 5

3 : 4 : 5 は、有名な直角三角形の比です。
三平方の定理（ピタゴラスの定理）で、

$$3^2 + 4^2 = 9 + 16 = 25 = 5^2$$

だから、斜辺は 5 となります。
3 : 4 : 5 の比を覚えておきましょう。

> 3:4:5 ってのは単純な比だなーホントに

★ **R121** 三角形の比 その2

Q 直角三角形の直角をはさむ辺の長さが a、b、斜辺の長さが c のとき、a、b、c の関係は？

A $a^2 + b^2 = c^2$

三平方の定理です。
辺の長さが a の正方形の面積 A、辺の長さが b の正方形の面積 B、辺の長さが c の正方形の面積 C の関係は、

$$A + B = C$$

という単純な関係に置き換えることができます（証明は次のラウンドで）。A は a の2乗、B は b の2乗、C は c の2乗は、三平方の定理の基本です。
うろ覚えの人は、ここで再度、はっきりと覚えておきましょう。

R122　三角形の比　その3

Q 前問の三平方の定理の説明で、正方形の面積 $A + B = C$ を証明すると？

A 図1のようにCを分割してC_1、C_2とし、$A = C_1$、$B = C_2$を証明します。
図2で、三角形の面積DとEが等しいことがわかれば、それの倍がAとC_1となるので、$A = C_1$がわかります。
図3で、三角形Eの頂点を横にずらしたE'は、底辺が同じ、高さも変わらないため、同じ面積になります。だからE = E'
図4で、三角形E'と、それを回転させたE''とは、同じ形と大きさの（合同な）三角形なので、同じ面積になります。だからE' = E''
図5で、三角形E''と、その頂点を横にずらしたDは、底辺が同じ、高さも変わらないため、同じ面積になります。だからD = E''
よって、D = Eが証明できます。D = Eから、$A = C_1$がわかり、同様に$B = C_2$がわかるので、$A + B = C$となり、$a^2 + b^2 = c^2$という三平方の定理が証明できます。

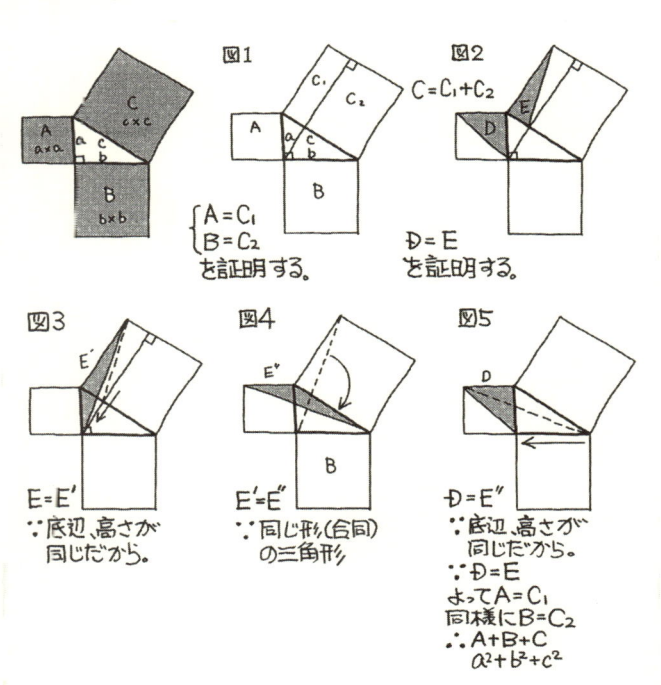

★ R123　　　　　　　　　　　　　　　三角形の比　その4

Q 1　30°、60°を持つ直角三角形の辺比は？
　　2　45°を持つ直角三角形の辺比は？

A 1　$1:2:\sqrt{3}$
　　2　$1:1:\sqrt{2}$

有名な直角三角形の比です。1、2、3というシンプルな数字だけの比です。3：4：5とともに、しっかりと覚えなおしておきましょう。
正三角形、正方形を2分割した直角三角形です。シンプルな図形には、シンプルな比が似合います。

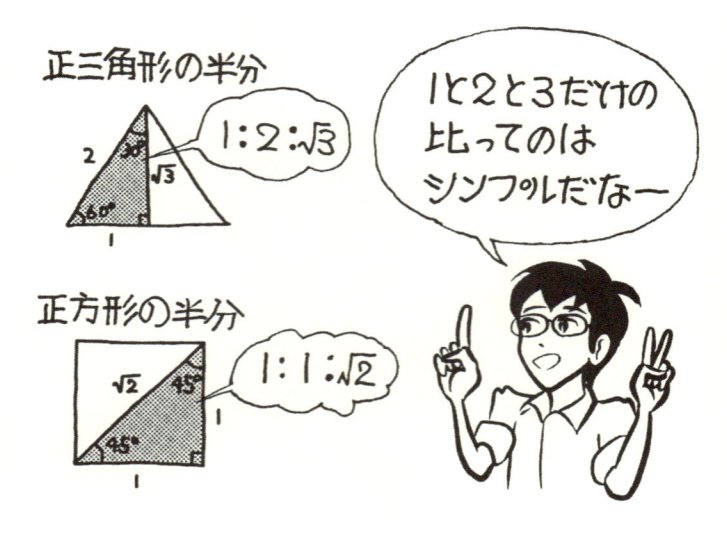

正三角形の半分　$1:2:\sqrt{3}$

正方形の半分　$1:1:\sqrt{2}$

1と2と3だけの比ってのはシンプルだなー

★ R124　　三角形の比　その5

Q 1　√2とは？
　　 2　√3とは？

A 1　√2とは、2乗すると2になる数。√2 ≒ 1.41421356（ひとよひとよにひとみごろ）
　　 2　√3とは、2乗すると3になる数。√3 ≒ 1.7320508（ひとなみにおごれや）

■ 2乗して2になる数を2の**平方根**といいます。2の平方根には2つあり、正の方が√2、負の方が−√2です。マイナスは2乗するとプラスになるので、平方根は2つあります。
平方根とルートは、このように厳密には違う意味です。実学的（工学的）には、ルート2は2乗すると2になる数とだけ覚えておけば、とりあえずはOKです。

「基本をバカにするんじゃないのよ！」

√2（ルート2）
⇩
2乗すると2になる数
$(\sqrt{2})^2 = 2$
⇩
$(1.414)^2 ≒ 2$
$\sqrt{2} ≒ 1.414$

√3（ルート3）
⇩
2乗すると3になる数
$(\sqrt{3})^2 = 3$
⇩
$(1.732)^2 ≒ 3$
$\sqrt{3} ≒ 1.732$

★ R125 三角形の比 その6

Q 45°の直角三角形で、斜辺の長さが1の場合、その他の辺の長さは？

A $\sqrt{2}/2$

$1:1:\sqrt{2}$ の三角形ですが、$\sqrt{2}$ に当たる長さが1なので、計算が必要です。ほかの辺の長さを x として、比の式を立ててみます。

$$1:\sqrt{2} = x:1$$

比の計算では、**内項の積＝外項の積**で行います。

$$\sqrt{2}x = 1$$

よって、$x = 1/\sqrt{2}$ となります。これだけでも答えとして有効ですが、分母に $\sqrt{2}$ があると計算がしづらいこともあります。$\sqrt{2}$ のような、小数にも、1.41414……のような循環小数にもならない数を、**無理数**といいます。分母に無理数がある場合、それを取り除く作業をすることがあります。分母の無理数を取り除くことを、**分母の有理化**といいます。
分母を有理化するには、$\sqrt{2}$ と同じ数を、分母と分子にかければいいのです。分母と分子に $\sqrt{2}$ をかけることは、1をかけることと同じで、元の数は変わりません。

$$x = 1/\sqrt{2} = \sqrt{2}/(\sqrt{2}\times\sqrt{2}) = \sqrt{2}/2$$

となり、辺の長さは $\sqrt{2}/2$ とわかります。
45°に入る力Fを x、y 方向に分けると、それぞれ $(\sqrt{2}/2)$F となるなど、このような比の計算はよく出てきます。

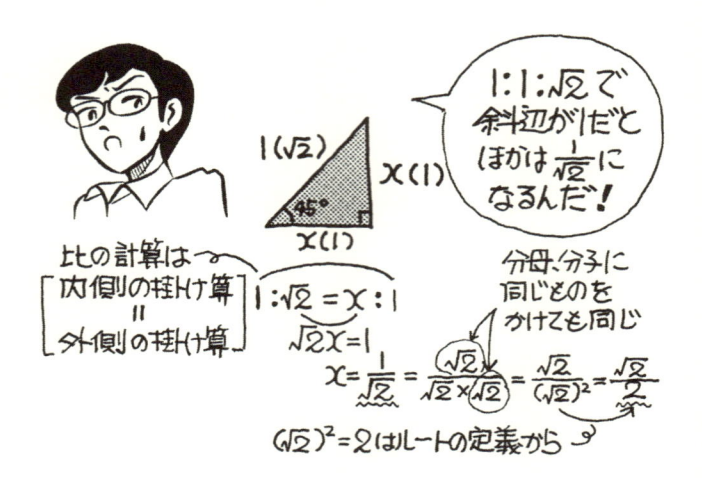

★ **R126** 三角形の比 その7

Q $\sin 30° = ?$

A $\sin 30° = 1/2$

■ サインとは、直角三角形の**垂直の辺/斜辺**という比のことです。Sの筆記体を知っている人は、その形から覚えるといいでしょう。

なぜサイン、コサインが必要かというと、便利だからのひと言に尽きます。ある角度のサイン、コサインが事前に数表で出ていると、ある角度から加わる力を簡単に x、y 方向に分解できます。

サイン、コサインが苦手な人、アレルギーのある人は、まずサインから覚えていきましょう。

「Sの筆記体 ∫ って知ってる？ それで覚えたのよ 私は…」

$\sin 30° = \dfrac{1}{2}$

★ **R127** 三角形の比 その8

Q 1 $\sin 45° = ?$
2 $\sin 60° = ?$

A 1 $\sin 45° = 1/\sqrt{2} = \sqrt{2}/(\sqrt{2} \times \sqrt{2}) = \sqrt{2}/2$
2 $\sin 60° = \sqrt{3}/2$

垂辺/斜辺という比がサイン（sin）です。三角形と比を書いておいて、斜辺分の垂辺をとれば、サインが求められます。

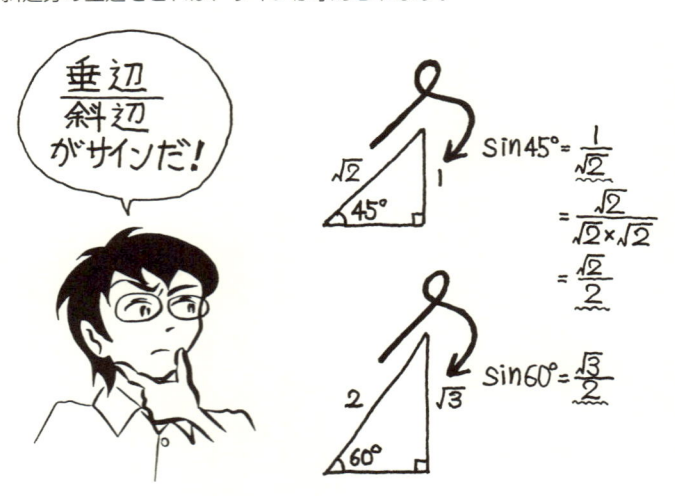

★ R128 三角形の比 その9

Q $\cos 30° = ?$

A $\cos 30° = \sqrt{3}/2$

■ コサインは、底辺/斜辺です。
30°の直角三角形の底辺:斜辺 = $2 : \sqrt{3}$ だから、

$$\cos 30° = \sqrt{3}/2$$

となります。
底辺/斜辺の形は、cosのCの字で覚えておきましょう。

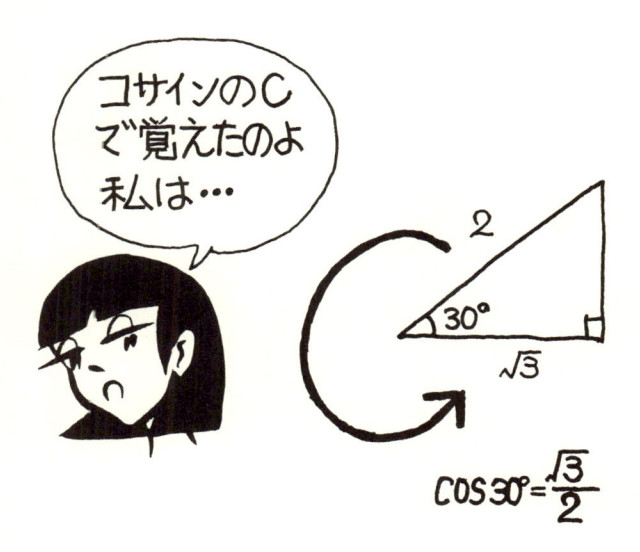

「コサインのC で覚えたのよ 私は…」

$$\cos 30° = \frac{\sqrt{3}}{2}$$

★ R129　　　　　　　　　　　　　三角形の比　その10

Q 1　$\cos 45° = ?$
　　2　$\cos 60° = ?$
　　▼
A 1　$\cos 45° = 1/\sqrt{2} = \sqrt{2}/(\sqrt{2} \times \sqrt{2}) = \sqrt{2}/2$
　　2　$\cos 60° = 1/2$

底辺/斜辺がコサインです。三角形に比を書いて、これに当てはめれば、コサインが出ます。Cの字を書くと、間違えません。

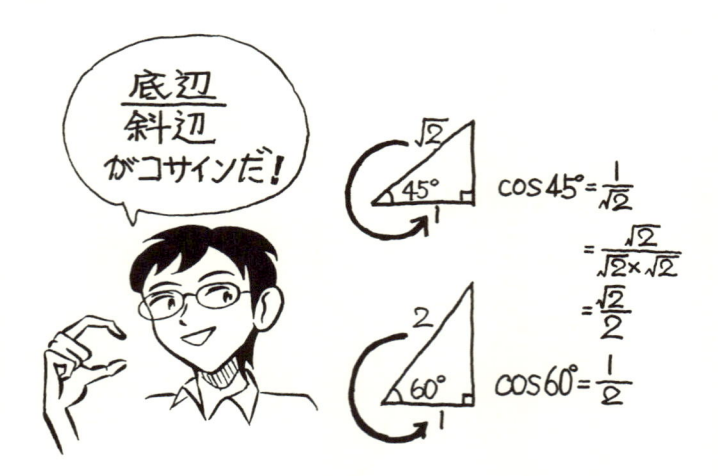

底辺/斜辺がコサインだ！

$\cos 45° = \dfrac{1}{\sqrt{2}}$

$= \dfrac{\sqrt{2}}{\sqrt{2} \times \sqrt{2}}$

$= \dfrac{\sqrt{2}}{2}$

$\cos 60° = \dfrac{1}{2}$

R130 三角形の比 その11

Q ひとつの角が30°の直角三角形で、斜辺の長さがFの場合、垂辺の長さは？

A $F\sin 30°$

垂辺を x として比例の式を立てます。

$$F : x = 2 : 1$$

内項の積＝外項の積から、

$$2x = F$$

よって、$x = (1/2)F$ となります。この式をよく見ると、$x =$ (垂辺/斜辺)×F となっています。垂辺/斜辺はサインですから、

$$x = \sin 30° \times F$$

となります。普通はFと30°が混ざって間違えやすいので、sinを後ろにして、

$$x = F\sin 30°$$

と書きます。**垂辺＝サイン×斜辺**です。垂辺を出すにはサインをかけると覚えておきましょう。

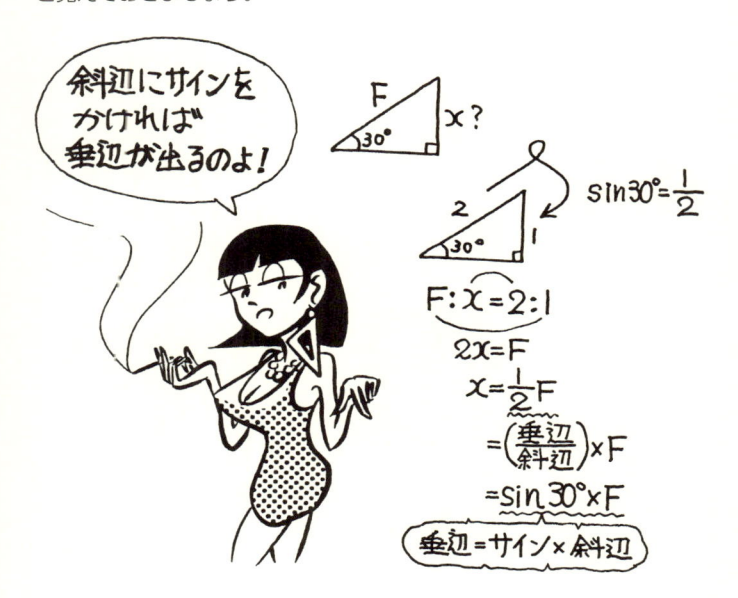

★ R131　　　三角形の比　その12

Q ひとつの角が30°の直角三角形で、斜辺の長さがFの場合、底辺の長さは？

A Fcos30°

まず、底辺をxとして比例の式を立てます。

　　F : x = 2 : $\sqrt{3}$

内項の積＝外項の積から、

　　$2x = \sqrt{3}$F

よって、$x = (\sqrt{3}/2)$Fとわかります。この式は、x =（底辺/斜辺）× Fとなっています。底辺/斜辺はコサインですから、

　　x = cos30°× F

となります。sinのときと同様に、cosの中身の角度がどこまで入るのかわかりづらくなるので、cosは後ろに置いて書くのが普通です。すなわち、

　　x = Fcos30°

と書きます。**底辺＝コサイン×斜辺**です。底辺を出すには、コサインをかけると覚えておきましょう。

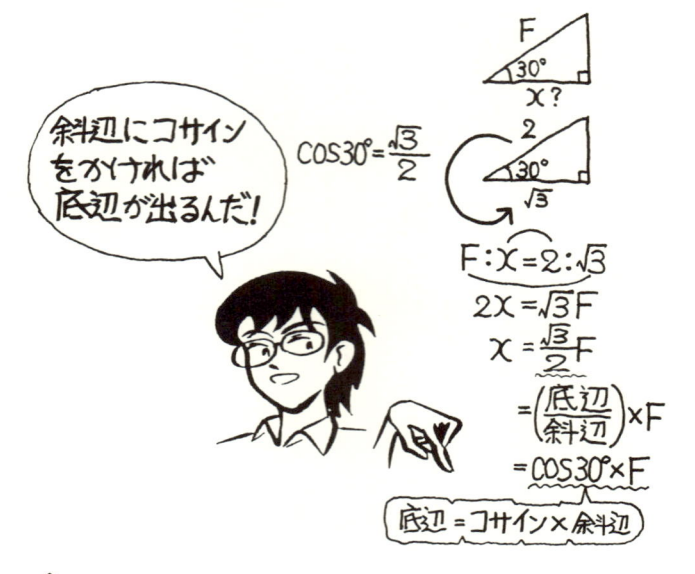

斜辺にコサインをかければ底辺が出るんだ！

cos30°＝$\frac{\sqrt{3}}{2}$

F : x = 2 : $\sqrt{3}$

$2x = \sqrt{3}$F

$x = \frac{\sqrt{3}}{2}$F

　＝$\left(\frac{底辺}{斜辺}\right)$× F

　＝cos30°× F

底辺＝コサイン×斜辺

★ R132　　　　　　　　　　　　三角形の比　その13

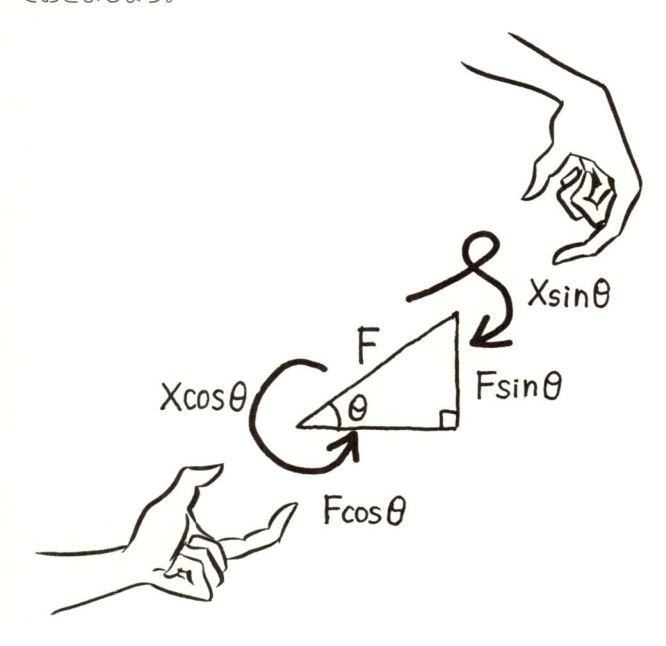

Q 直角三角形の斜辺Fが水平と成す角度がθの場合、Fの水平成分、垂直成分は？

A Fの水平成分＝$F\cos\theta$
　　Fの垂直成分＝$F\sin\theta$

水平成分を出すには$\cos\theta$を、垂直成分を出すには$\sin\theta$をかけます。$\cos\theta$のCの形、$\sin\theta$のSの筆記体の形から、どちらをかけるかを覚えておきましょう。

★ R133 三角形の比 その14

Q 机の面と垂直な線に対して、θ の角度で入射する光 F の垂直成分の大きさは？

A $F\cos\theta$

下図のように、θ を囲むようにコサイン θ をかければ垂直成分が出ます。よって、垂直成分の大きさは、$F\cos\theta$ となります。
一般に入射角は、**面の垂線（法線ともいう）に対する角度**で表します。光でも音でも、入射角は垂線に対する角度です。よって、垂直成分は $\cos\theta$ をかけて出すことになります。

　　入射角 θ で入射する F の垂直成分 $= F\cos\theta$

は、覚えておくと便利です。光の場合、机に垂直に入る成分しか、机の明るさには関係しません。入射光の大きさが F でも、角度が付いている場合は、$F\cos\theta$ が、机の明るさに関係する光となります。

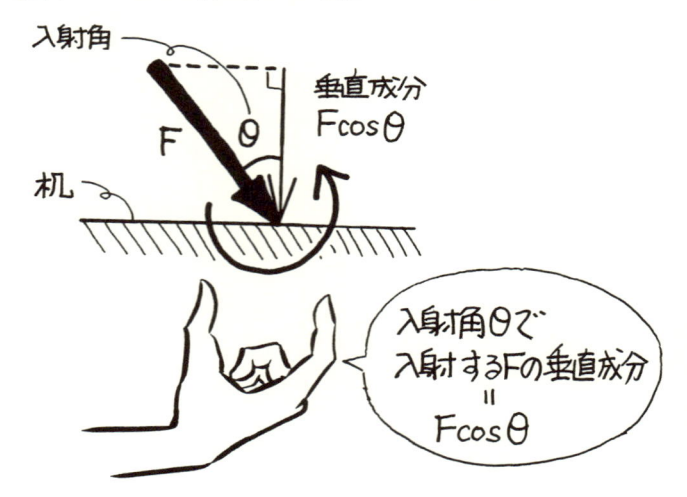

★ R134 三角形の比 その15

Q 机の面と垂直な線に対して、θ の角度で入射する光 F の水平成分の大きさは?

A $F\sin\theta$

下図のように、θ とは反対側の角度を囲むように、サイン θ をかければ水平成分が出ます。よって、水平成分の大きさは、$F\sin\theta$ となります。

　　垂直成分 $= F\cos\theta$
　　水平成分 $= F\sin\theta$

垂直成分がコサイン、水平成分がサインと覚えておきましょう。机と平行な水平成分の光は、机をまったく照らすことができません。机の明るさには関係のない光となります。斜めに入った光は、垂直と水平に分解すると、垂直成分だけが有効になるわけです。

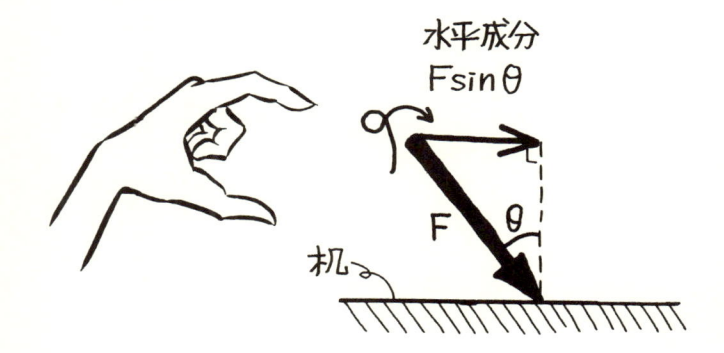

★ R135 　　　　　　　　　　　　　三角形の比　その16

Q $\tan 60° = ?$

A $\tan 60° = \sqrt{3}/1 = \sqrt{3}$

タンジェントは、**垂辺/底辺**です。三角形の比を下図のように描いて、垂辺/底辺をとると、$\sqrt{3}$ となります。
タンジェントは、筆記体のtの書き順で覚えておきましょう。

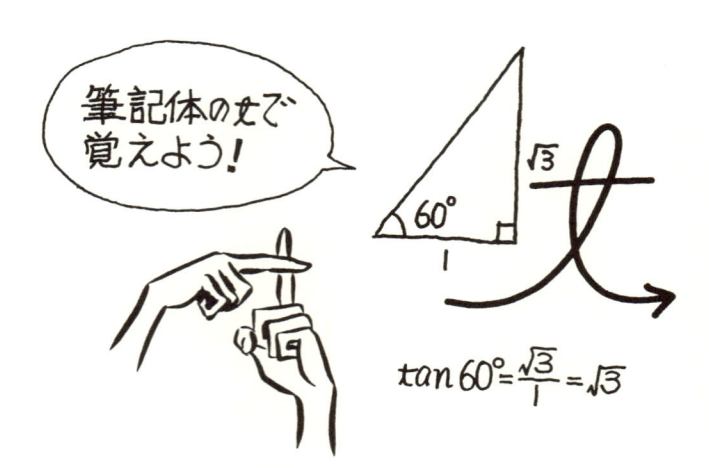

筆記体のtで覚えよう！

$$\tan 60° = \frac{\sqrt{3}}{1} = \sqrt{3}$$

★ R136 三角形の比 その17

Q 水平とθの角度を持つFのタンジェントを計算したら1でした。θが0以上、90°以下の場合、θは？

A $\theta = 45°$

$\tan\theta = 1$ となるθは、下図から45°です。
Fのx成分とy成分がわかっていれば、$\tan\theta = (y成分)/(x成分)$ で計算できます。その計算したタンジェントの値を数表で探すと、角度θを求めることができます。
$\tan\theta$を先に求めて、数表を見て、角度を次に求めます。このように、タンジェントは、角度を求めるときによく使われます。

「タンジェントを出して角度を求めるってよく×るわよ！」

$\tan\theta = 1$
$\therefore \theta = 45° (0 \leq \theta \leq 90°)$

R137 三角形の比 その18

Q 直線 $y = (1/2)x$ のグラフで、x 軸と成す角度 θ のタンジェントは？

A $\tan\theta = 1/2$

傾き＝1/2 は、x 方向に2行くと、y 方向に1行くということを表しています。y/x はタンジェントそのものです。よって、$\tan\theta = 1/2$ となります。
このようにタンジェントは、傾きと関係があります。
タンジェント＝直線の傾きと覚えておきましょう。

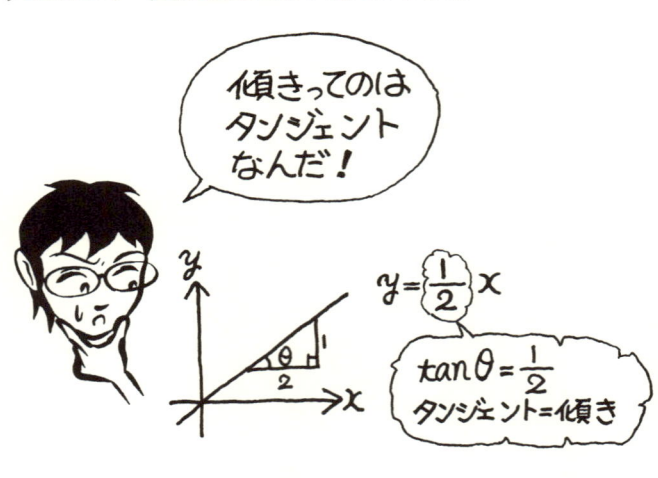

傾きってのは
タンジェント
なんだ！

$y = \frac{1}{2}x$

$\tan\theta = \frac{1}{2}$
タンジェント＝傾き

★ R138　　　　　　　　　　　三角形の比　その19

Q ある木から10m離れた地点で、地面から角度 θ を測り、数表から $\tan\theta$ を出したら、$\tan\theta = 0.5$ でした。その木の高さhは？

A 5m

タンジェントは、**垂辺/底辺**です。この場合、垂辺＝h、底辺＝10mですから、

　　h/10 = 0.5

となります。これより、

　　木の高さ h = 0.5 × 10 = 5m

とわかります。
高さを出す際に、角度を測り、タンジェントを数表から拾い、距離をかけて出すことができます。

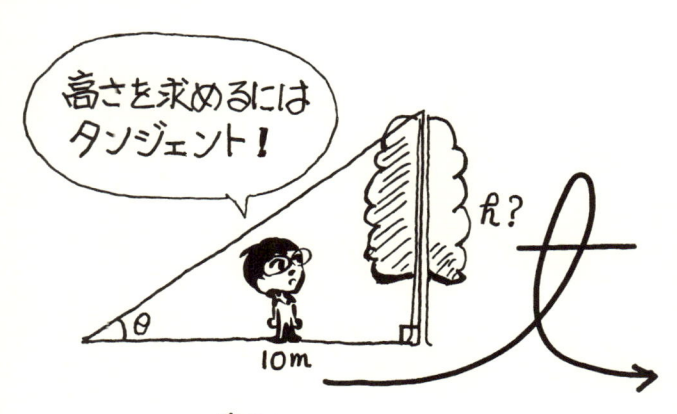

「高さを求めるにはタンジェント！」

$$\tan\theta = \frac{垂辺}{底辺} = \frac{h}{10} = 0.5$$
$$h = 0.5 \times 10 = \underline{5m}$$

★ R139　　　　　　　　　　　　　　　　　三角形の比　その20

Q 1　$\sin 30° = ?$
　　2　$\cos 30° = ?$
　　3　$\tan 30° = ?$

A 1　$\sin 30° = 1/2$
　　2　$\cos 30° = \sqrt{3}/2$
　　3　$\tan 30° = 1/\sqrt{3} = \sqrt{3}/(\sqrt{3} \times \sqrt{3}) = \sqrt{3}/3$

下図のように三角形と比を書いて、

　　サイン＝垂辺/斜辺
　　コサイン＝底辺/斜辺
　　タンジェント＝垂辺/底辺

を計算すれば答えが出ます。

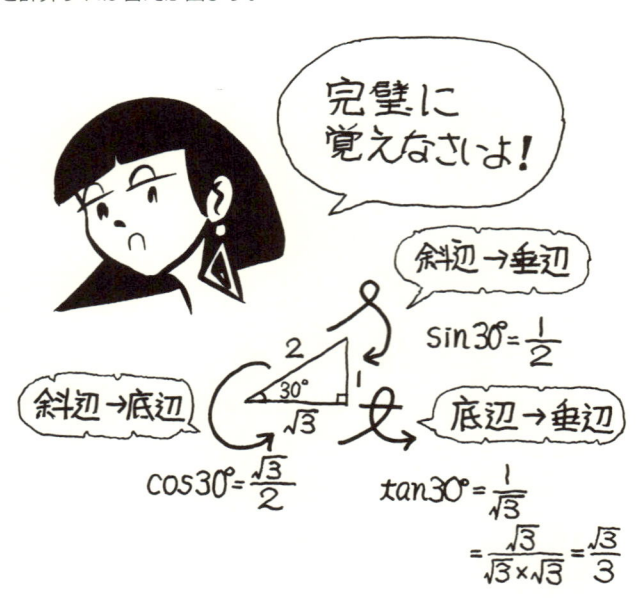

完璧に覚えなさいよ！

斜辺→垂辺　　$\sin 30° = \dfrac{1}{2}$

斜辺→底辺　　$\cos 30° = \dfrac{\sqrt{3}}{2}$

底辺→垂辺　　$\tan 30° = \dfrac{1}{\sqrt{3}} = \dfrac{\sqrt{3}}{\sqrt{3} \times \sqrt{3}} = \dfrac{\sqrt{3}}{3}$

R140 指数 その1

Q 1 $2^2 \times 2^3 = 2$の何乗?
2 $a^n \times a^m = a$の何乗?

A 1 $2^2 \times 2^3 = 2^{2+3} = 2^5$
2 $a^n \times a^m = a^{n+m}$

2の2乗は2を2回かけたもの、2の3乗は2を3回かけたものです。両者をかけると、2を5回かけることになります。2+3=5乗と計算します。
aのn乗はaをn回かけたもの、aのm乗はaをm回かけたものです。両者をかけると、aを(n+m)回かけることになるので、aの(n+m)乗になります。

2が何個あるか考えればいいのよ!

$$2^2 \times 2^3 = \underbrace{(2\times 2)}_{2個} \times \underbrace{(2\times 2\times 2)}_{3個}$$

全部で(2+3)個

$$= 2^{(2+3)} = 2^5$$

★ R141　　　　　　　　　　　　　　　　指数　その2

Q 1　$2^3 \div 2^2 = 2$の何乗？
　　2　$a^m \div a^n = a$の何乗？

▼

A 1　$2^3 \div 2^2 = 2^{3-2} = 2^1$
　　2　$a^m \div a^n = a^{m-n}$

◼ (2の3乗)÷(2の2乗)は、分子に2が3個の掛け算、分母に2が2個の掛け算です。約分すると、2が(3−2)個残るので、2の(3−2)乗＝2の1乗＝2となります。

(aのm乗)÷(aのn乗)は、分子にaがm個の掛け算、分母にaがn個の掛け算です。約分すると、aが(m−n)個残るので、aの(m−n)乗となります。

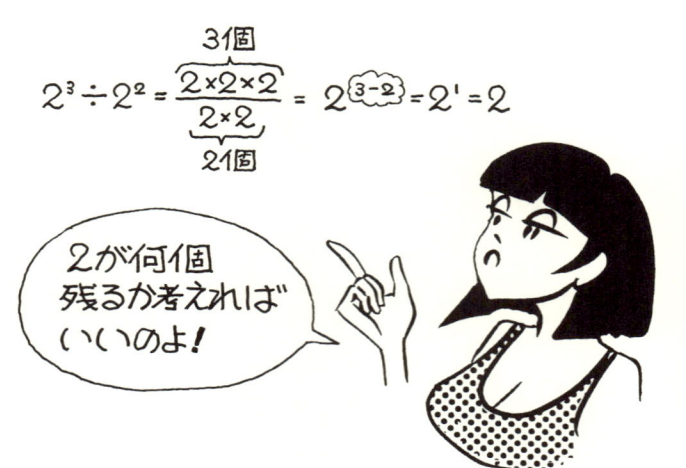

$$2^3 \div 2^2 = \frac{\overbrace{2 \times 2 \times 2}^{3個}}{\underbrace{2 \times 2}_{2個}} = 2^{(3-2)} = 2^1 = 2$$

「2が何個残るか考えればいいのよ！」

★ R142　　　　　　　　　　　　　　　　　　　　　指数　その3

Q　1　$2^2 \div 2^4 = 2$の何乗？
　　2　$a^{-n} = 1/(\quad)$?

A　1　$2^2 \div 2^4 = 2^{-2}$
　　2　$a^{-n} = 1/a^n$

(2の2乗)÷(2の4乗)は、分子に2が2個の掛け算、分母に2が4個の掛け算です。約分して分母に2が2個残るから、1/(2の2乗)となります。

一方、指数の法則で割り算は、指数を引き算すれば求められます。

　　$2^2 \div 2^4 = 2^{2-4} = 2^{-2}$

となります。だから、

　　$2^{-2} = 1/2^2$

となります。マイナス乗は分母に行くことがわかります。
同様に、aのマイナスn乗も1/(aのn乗)となります。

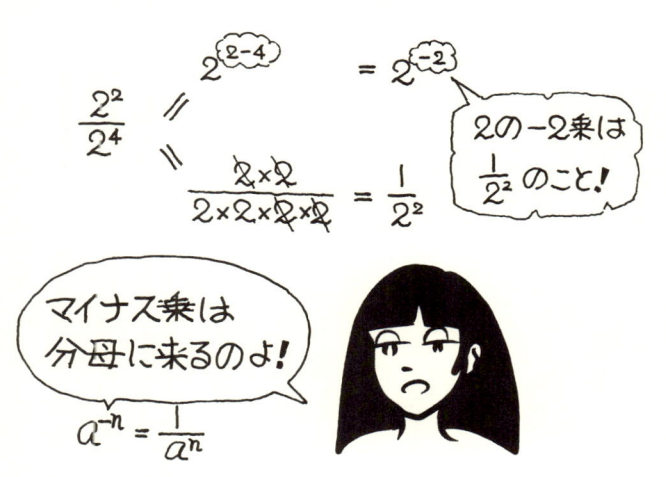

$$\frac{2^2}{2^4} = 2^{(2-4)} = 2^{-2}$$

$$= \frac{\cancel{2} \times \cancel{2}}{2 \times 2 \times \cancel{2} \times \cancel{2}} = \frac{1}{2^2}$$

2の−2乗は$\frac{1}{2^2}$のこと！

マイナス乗は分母に来るのよ！

$$a^{-n} = \frac{1}{a^n}$$

★ **R143** 指数　その4

Q 1　$2^2 \div 2^2 = 2$ の何乗？
　　2　$a^0 = ?$

▼

A 1　$2^2 \div 2^2 = 2^0$
　　2　$a^0 = 1$

指数の割り算は、指数どうしを引き算すればよいので、

$$2^2 \div 2^2 = 2^{2-2} = 2^0$$

となります。また（2の2乗）÷（2の2乗）は、同じ数で割っているので1になるはずです。よって、2の0乗＝1となります。0乗は、指数の法則のつじつまを合わせるために、1にしなければなりません。
一般に、aの0乗＝1となります。これは覚えておきましょう。

[スーパー記憶術]
令嬢はひとりぼっち！
0乗　＝　1

$$\frac{2^2}{2^2} = 2^{(2-2)} = 2^0$$

$$\frac{2^2}{2^2} = \frac{2 \times 2}{2 \times 2} = 1$$

2の0乗は1！

令嬢は　ひとりぼっち！
0乗　＝　　　　　　1

★ R144 指数 その5

Q
1. $2^{\frac{1}{2}} \times 2^{\frac{1}{2}} = ?$
2. $2^{\frac{1}{2}} = ?$
3. $3^{\frac{1}{2}} = ?$

A
1. $2^{\frac{1}{2}} \times 2^{\frac{1}{2}} = 2^{\frac{1}{2}+\frac{1}{2}} = 2^1 = 2$
2. $2^{\frac{1}{2}} = \sqrt{2}$
3. $3^{\frac{1}{2}} = \sqrt{3}$

1/2乗という、分数乗はどう考えたらいいのでしょうか?
2の1/2乗をかけ合わせた場合、指数の足し算をすればよいので、
1/2 + 1/2 = 1乗となります。2の1乗とは、2そのものです。
(2の1/2乗)×(2の1/2乗) は同じものをかけています。同じものをかけて2になる数で、しかもプラスの数は$\sqrt{2}$です。
だから、2の1/2乗とは$\sqrt{2}$のことなのです。
同様に、3の1/2乗は$\sqrt{3}$となります。

掛け算は指数を足す

$$\underbrace{2^{\frac{1}{2}} \times 2^{\frac{1}{2}}}_{\text{同じものをかけると2になる}} = 2^{(\frac{1}{2}+\frac{1}{2})} = 2^1 = 2$$

⇩

$$\Box \times \Box = 2$$
$$\therefore \Box = \sqrt{2} \quad (\Box > 0)$$

⇩

$$2^{\frac{1}{2}} = \sqrt{2}$$

$\frac{1}{2}$乗はルートなのよ!

★ **R145** 指数 その6

Q 1. $2^{\frac{1}{3}} \times 2^{\frac{1}{3}} \times 2^{\frac{1}{3}} = ?$
2. $2^{\frac{1}{3}} = ?$
3. $8^{\frac{1}{3}} = ?$

▼

A 1. $2^{\frac{1}{3}} \times 2^{\frac{1}{3}} \times 2^{\frac{1}{3}} = 2$
2. $2^{\frac{1}{3}} = \sqrt[3]{2}$
3. $8^{\frac{1}{3}} = \sqrt[3]{8} = 2$

掛け算では、指数の足し算をすればよいので、2の1/3乗を3回かけると、2の1乗＝2となります。

$$2^{\frac{1}{3}} \times 2^{\frac{1}{3}} \times 2^{\frac{1}{3}} = 2^{(\frac{1}{3}+\frac{1}{3}+\frac{1}{3})} = 2^1 = 2$$

同じものを3回かけて2になったわけですから、その数は3乗根2となります。3乗根2とは、3乗すると2となる数という意味です。ということは、2の1/3乗とは3乗根2となります。

$$2^{\frac{1}{3}} = \sqrt[3]{2}$$

同様に8の1/3乗とは、3乗根8です。3乗すると8になる数は2ですから、3乗根8は2となります。

$$8^{\frac{1}{3}} = \sqrt[3]{8} = \sqrt[3]{2^3} = 2$$

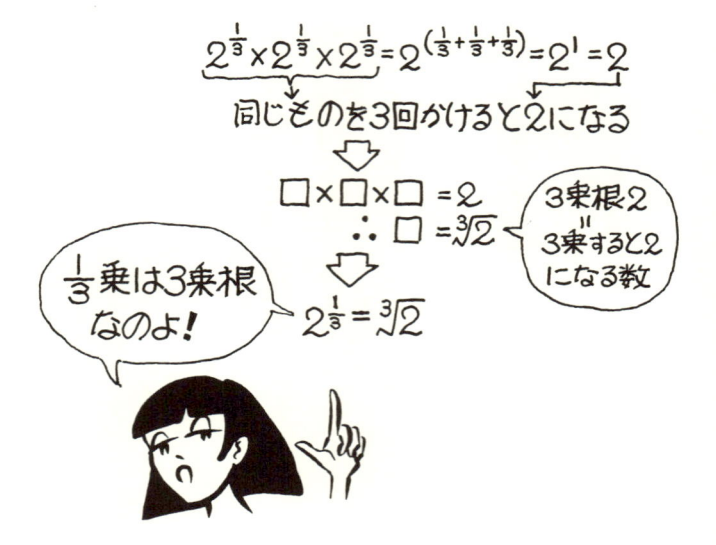

★ R146 指数 その7

Q $4^{\frac{3}{2}} = ?$

A $4^{\frac{3}{2}} = 8$

4の3/2乗は、(4の3乗)の1/2乗です。まず、(4の3乗)の1/2乗を考えます。(4の3乗)の1/2乗を2回かけてみると、

$$(4^3)^{\frac{1}{2}} \times (4^3)^{\frac{1}{2}}$$

掛け算では指数を足すことになるので、

$$(4^3)^{\frac{1}{2} + \frac{1}{2}} = (4^3)^1 = 4^3$$

となります。(4の3乗の1/2乗) という同じ数をかけて、4の3乗になるわけです。2乗して (4の3乗) になる数とは、ルート (4の3乗) です。要は、1/2乗とはルートということです。

$$(4^3)^{\frac{1}{2}} = \sqrt{4^3}$$

4の3乗は64ですから、

$$\sqrt{4^3} = \sqrt{64} = \sqrt{8^2} = 8$$

となります。
3/2乗とは、3乗の1/2乗で、3乗のルートということです。

$$4^{\frac{3}{2}} = (4^3)^{\frac{1}{2}} \quad \text{掛け算では指数を足す}$$

$$(4^3)^{\frac{1}{2}} \times (4^3)^{\frac{1}{2}} = (4^3)^{\frac{1}{2} + \frac{1}{2}} = (4^3)^1 = 4^3$$

同じものを2回かけると 4^3 になる

$$\square \times \square = 4^3$$

$$\therefore \square = \sqrt{4^3}$$

$$4^{\frac{3}{2}} = \sqrt{4^3}$$

$\frac{3}{2}$ 乗は3乗のルートね！

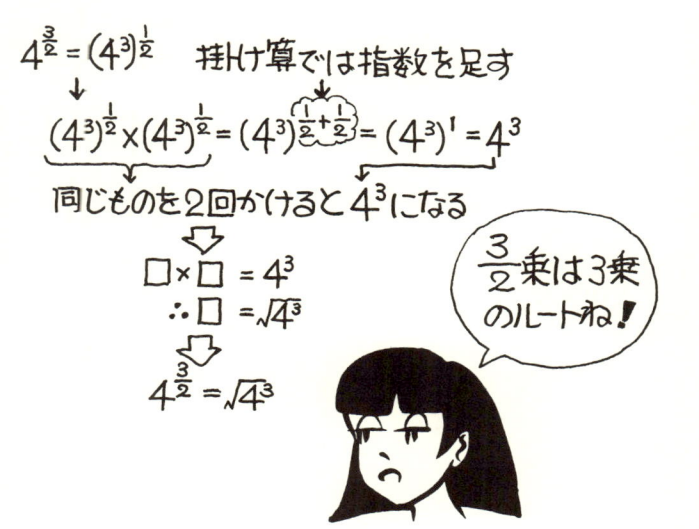

指数　その8

Q 1　$(4^3)^{\frac{1}{2}} = ?$
2　$(4^{\frac{1}{2}})^3 = ?$

A 1　$(4^3)^{\frac{1}{2}} = 64^{\frac{1}{2}} = \sqrt{64} = 8$
2　$(4^{\frac{1}{2}})^3 = (\sqrt{4})^3 = 2^3 = 8$

前問の続きですが、3/2乗は、3乗してから1/2乗しても、1/2乗してから3乗しても、結果は同じになります。
3/2乗＝(3×1/2)乗＝(1/2×3)乗と、交換が可能ということです。

$$4^{\frac{3}{2}} = (4^3)^{\frac{1}{2}} = \sqrt{4^3} = \sqrt{64} = 8$$
$$= (4^{\frac{1}{2}})^3 = (\sqrt{4})^3 = 2^3 = 8$$

$$4^{(3 \times \frac{1}{2})}$$
$$4^{(\frac{1}{2} \times 3)}$$

3乗、1/2乗どっちが先でもいいの

R148 対数 その1

Q $\log_{10} 100 = ?$

A $\log_{10} 100 = 2$

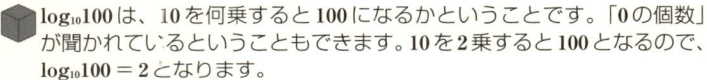

$\log_{10} 100$ は、10を何乗すると100になるかということです。「0の個数」が聞かれているということもできます。10を2乗すると100となるので、$\log_{10} 100 = 2$ となります。

10を何乗するとその数字になるかは、対数の中でも**常用対数**といって、文字どおり日常的に用いられます。常用対数の場合、logの右下に小さく書く10は、省略されることがあります。

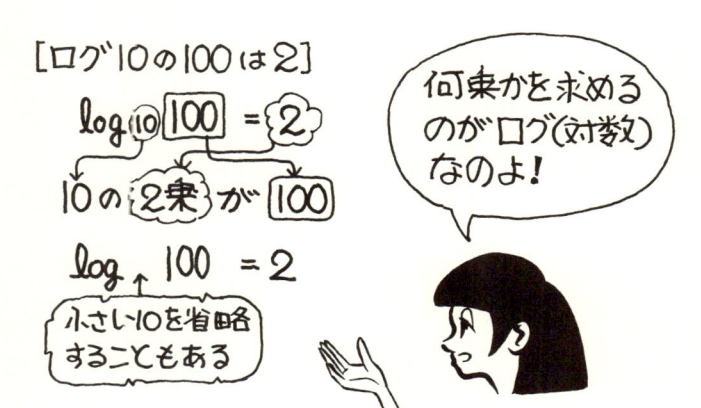

[ログ10の100は2]

$$\log_{10} 100 = 2$$

10の2乗が100

$$\log 100 = 2$$

小さい10を省略することもある

何乗かを求めるのがログ(対数)なのよ！

★ R149　　　　　　　　　　　　　　対数　その2

Q 常用対数の次の値は？
log10 = ？　log100 = ？　log1000 = ？
log10000 = ？　log100000 = ？

A log10 = 1　log100 = 2　log1000 = 3
log10000 = 4　log100000 = 5

　常用対数は、10の何乗がその数になるかを求めるものです。1000ならば3乗、10000ならば4乗です。0の数を求めていることにもなります。

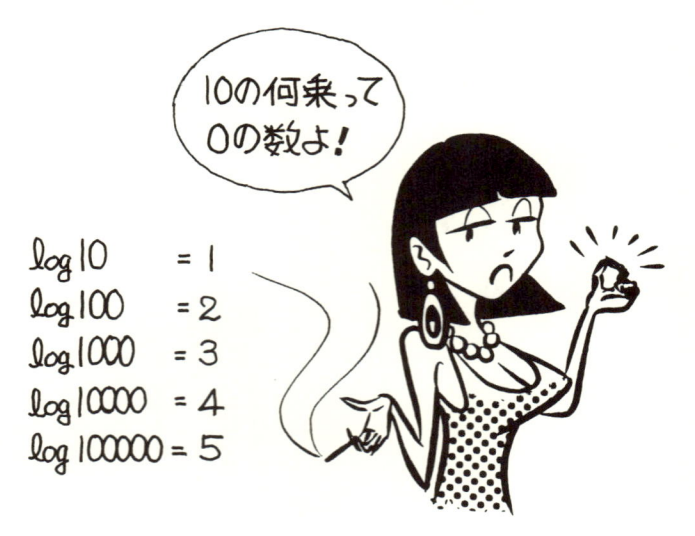

「10の何乗って0の数よ！」

log10　　 = 1
log100　　= 2
log1000　 = 3
log10000　= 4
log100000 = 5

★ **R150** 対数　その3

Q $\log_2 8 = ?$

A $\log_2 8 = 3$

$\log_2 8$ は、2の何乗が8になるかを聞いている記号です。2の3乗が8ですから、

$$\log_2 8 = \log_2 2^3 = 3$$

となります。

[スーパー記憶術]
ログハウスは何畳？
<u>log</u>　　　<u>何乗</u>

★ R151　　　　　　　　　　　　　　　　　対数　その4

Q $\log_2 16 = ?$　$\log_3 9 = ?$　$\log_4 64 = ?$
　$\log_5 25 = ?$　$\log_6 6 = ?$

A $\log_2 16 = 4$　$\log_3 9 = 2$　$\log_4 64 = 3$
　$\log_5 25 = 2$　$\log_6 6 = 1$

$\log_a b$ は、a を何乗すると b になるかを求めるものです。a のことを底（てい）と呼びます。底が10の場合は、常用対数となりますが、上記のように1でない正の数ならば、どんな数でも底にすることができます。

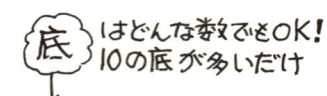

底が10のときが常用対数よ！

底 はどんな数でもOK！
10の底が多いだけ

$\log_{②} 16$ ＝ 2の何乗が16？ ＝ 4
$\log_{③} 9$ ＝ 3の何乗が9？ ＝ 2
$\log_{④} 64$ ＝ 4の何乗が64？ ＝ 3
$\log_{⑤} 25$ ＝ 5の何乗が25？ ＝ 2
$\log_{⑥} 6$ ＝ 6の何乗が6？ ＝ 1

R152

対数 その5

Q 以下の対数は、底が10の常用対数とします。
$\log(10 \times 100)$ を log の足し算にすると？

A $\log 10 + \log 100$

$\log(10 \times 100) = \log 1000$ ですが、$\log 1000$ とは、1000 が 10 の何乗かを聞いているわけです。10 の 3 乗が 1000 だから、

$\log 1000 = $ 10 の何乗が 1000？ $= 3$

となります。また、

$\log 10 = $ 10 の何乗が 10？ $= 1$
$\log 100 = $ 10 の何乗が 100？ $= 2$

です。この結果から、

$\log(10 \times 100) = \log 10 + \log 100$

とわかります。log は 10 の何乗かを示すものです。掛け算をすると、指数は足し算となります。ですから、log は足し算になるのです。

$$\begin{cases} \log 10 \times 100 = \log 1000 = \underline{10 の何乗が 1000？} = 3 \\ \log 10 + \log 100 = \underline{(10 の何乗が 10？)} + \underline{(10 の何乗が 100？)} \\ \qquad\qquad\qquad = 1 + 2 = 3 \end{cases}$$

$\log 10 \times 100 = \log 10 + \log 100$

log の中の掛け算は　　log の足し算にできる

★ **R153** 対数　その6

Q 以下の対数は、底が10の常用対数とします。
log(100/10) をlogの引き算にすると？

A $\log 100 - \log 10$

📦 $\log(100/10) = \log 10$ ですが、$\log 10$ とは10が10の何乗かを聞いているわけです。10の1乗が10だから、

　　$\log(100/10) = \log 10 = 1$

となります。また、

　　$\log 100 = 10$の何乗が100？$= 2$
　　$\log 10 = 10$の何乗が10？$= 1$

です。この結果から、

　　$\log(100/10) = \log 100 - \log 10$

とわかります。logは10の何乗かを示すものです。割り算すると、指数は引き算になります。ですから、logは引き算になるのです。

$$\begin{cases} \log\dfrac{100}{10} = \log 10 = \underline{10\text{の何乗が}10?} = 1 \\ \log 100 - \log 10 = \underline{(10\text{の何乗が}100?)} - \underline{(10\text{の何乗が}10?)} \\ \qquad\qquad\qquad = 2 - 1 = 1 \end{cases}$$

$$\log\dfrac{100}{10} = \log 100 - \log 10$$

（logの中の割り算は）　（logの引き算にできる）

★ R154 対数 その7

Q 以下の対数は、底が10の常用対数とします。
1. $\log(100 \times 1000)$ を対数の和に分解すると？
2. $\log(1000/10)$ を対数の差に分解すると？

A
1. $\log(100 \times 1000) = \log 100 + \log 1000$
2. $\log(1000/10) = \log 1000 - \log 10$

log内部の掛け算は、logの足し算に分解できます。log内部の割り算は、logの引き算に分解できます。
理屈で考えるよりも、何度か練習して慣れてしまう方が早いでしょう。

掛け算は足し算に分解

$$\log 100 \times 1000 = \log 100 + \log 1000 = 2 + 3 = 5$$

$$\log \frac{1000}{10} = \log 1000 - \log 10 = 3 - 1 = 2$$

割り算は引き算に分解

練習してlogに慣れよう！

対数 その8

Q 以下の対数は、底が10の常用対数とします。
1　$\log(1/100) = ?$
2　$\log(1/1000) = ?$

A 1　$\log(1/100) = \log 1 - \log 100 = 0 - 2 = -2$
2　$\log(1/1000) = \log 1 - \log 1000 = 0 - 3 = -3$

$\log 1$は、10を何乗すると1になるかということです。したがって、0乗はすべて1になるので、

$\log 1 = 0$

となります。また$\log 100$は、10を何乗すると100になるかということで、2乗すると100になるので、

$\log 100 = 2$

となります。logの中の割り算は、logの引き算として分解できるので、

$\log(1/100) = \log 1 - \log 100 = 0 - 2 = -2$

です。同様に、

$\log(1/1000) = \log 1 - \log 1000 = 0 - 3 = -3$

です。$\log 1 = 0$がポイントです。

$$\log \frac{1}{100} = \log 1 - \log 100 = 0 - 2 = -2$$

10の0乗が1

$$\log \frac{1}{1000} = \log 1 - \log 1000 = 0 - 3 = -3$$

10の-3乗が$\frac{1}{1000}$

そういえば マイナス乗が分数の分母だったな！

★ R156 — 対数 その9

Q 以下の対数は、底が10の常用対数とします。
log I の I が 2 倍になった場合、その対数 $\log(I \times 2)$ はいくら増加する?

A $\log(I \times 2) = \log I + \log 2 ≒ \log I + 0.301$
よって、約 0.301 だけ増加します。

対数の中身の数字が 2 倍になると、log2 だけ増加します。log2 は約 0.301 なので、約 0.301 だけ増加することになります。

$$\log 2 ≒ 0.301$$

は覚えておきましょう。

[スーパー記憶術]

<u>浪人　オッサン多い</u>
log2 ≒ 0.　3　0 1

$$\log(I \times 2) = \log I + \log 2$$
$$≒ \log I + 0.301$$

浪人オッサン多い
log2 ≒ 0. 3 0 1

logの中身が
2倍になると
log2≒0.301
だけ増えるんだ!

★ **R157** 対数 その10

Q 以下の対数は、底が10の常用対数とします。
1. $\log 100 = ?$
2. $\log 200 = ?$

A 1. 100は10の2乗だから、$\log 100 = 2$
2. $\log 200 = \log(100 \times 2) = \log 100 + \log 2 \fallingdotseq 2 + 0.301 = 2.301$

対数の中身の数字が2倍になると、$\log 2$ だけ増加します。$\log 2$は約0.301なので、約0.301だけ増加することになります。

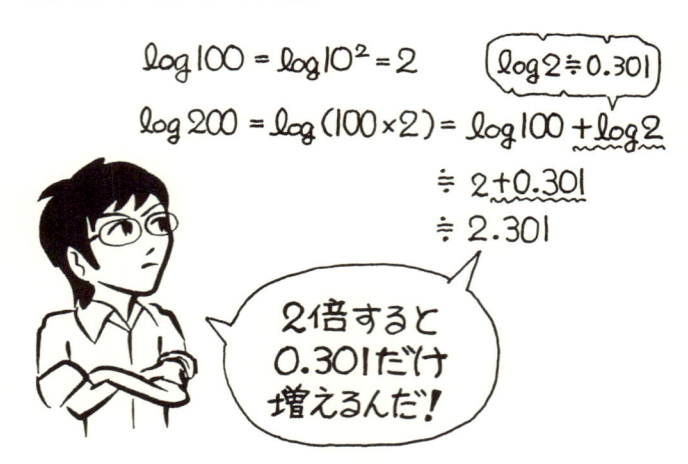

$$\log 100 = \log 10^2 = 2 \qquad \boxed{\log 2 \fallingdotseq 0.301}$$

$$\log 200 = \log(100 \times 2) = \log 100 + \log 2$$
$$\fallingdotseq 2 + 0.301$$
$$\fallingdotseq 2.301$$

「2倍すると0.301だけ増えるんだ！」

R158

対数 その11

Q 以下の対数は、底が10の常用対数とします。
1. $\log 1000 = ?$
2. $\log 500 = ?$

A
1. 1000は10の3乗だから、$\log 1000 = 3$
2. $\log 500 = \log(1000/2) = \log 1000 - \log 2 \fallingdotseq 3 - 0.301 = 2.699$

対数の中身の数字が半分になると、log2 だけ減ります。log2 は約 0.301 なので、約 0.301 だけ減少することになります。

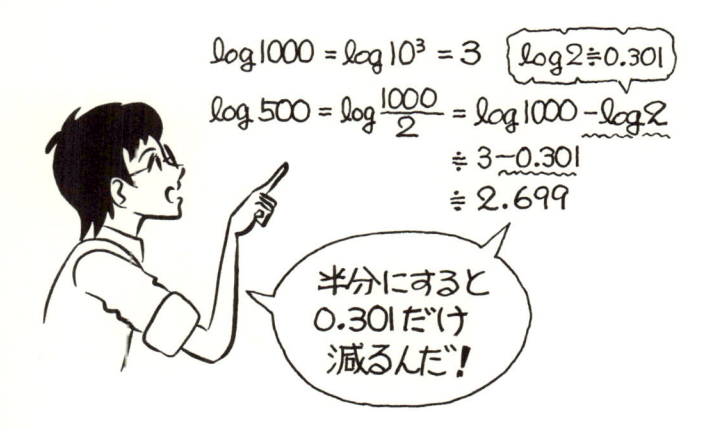

$$\log 1000 = \log 10^3 = 3 \quad \boxed{\log 2 \fallingdotseq 0.301}$$

$$\log 500 = \log \frac{1000}{2} = \log 1000 - \log 2$$
$$\fallingdotseq 3 - 0.301$$
$$\fallingdotseq 2.699$$

半分にすると 0.301 だけ減るんだ!

★ R159　　　　　　　　　　　　　　　　　　　　対数　その12

Q 以下の対数は、底が10の常用対数とします。
$\log 2^3 = ?$

A $\log 2^3 = \log(2 \times 2 \times 2) = \log 2 + \log 2 + \log 2$
$= 3\log 2 \fallingdotseq 3 \times 0.301 = 0.903$

$\log a^n$ は、$\log(a \times a \times a \times \cdots\cdots)$ と a を n 回かけることになります。log 内部の掛け算は、log の足し算に分解できるので、$\log a + \log a + \log a + \cdots\cdots$ と n 個の $\log a$ の足し算になり、結果として $n \log a$ となります。

$\log a^n = \log(a \times a \times a \times \cdots\cdots) = \log a + \log a + \log a + \cdots\cdots$
$= n \log a$

$$\log 2^3 = \log(2 \times 2 \times 2) = \overbrace{\log 2 + \log 2 + \log 2}^{\log 2 \text{が3個}}$$
$$= 3\log 2$$

2³は2×2×2
だから
log2³は
log2+log2+log2
なんだ!

★ R160 　対数　その13

Q 以下の対数は、底が10の常用対数とします。
$\log 4 = ?$

A $\log 4 = \log 2^2 = 2\log 2 \fallingdotseq 2 \times 0.301 = 0.602$

「logの中のn乗はlogの前に出せる」と覚えておきましょう。

$\log a^n = n \log a$

$$\log 4 = \log 2^2 = \overbrace{\log 2 + \log 2}^{\log 2 が 2 個} = 2\log 2$$
$$\fallingdotseq 2 \times 0.301 = 0.602$$

「$\log a^n = n \log a$
n乗は前に出すって
覚えておくのよ！」

★ **R161** 対数 その14

Q 以下の対数は、底が10の常用対数とします。
log (1/4) ＝ ?

A log (1/4) ＝ log (1/2^2) ＝ log2^{-2} ＝ － 2log2
　　　　　≒ － 2 × 0.301 ＝ － 0.602

「**分母はマイナス乗**」です。1/4 ＝ 2のマイナス2乗とわかれば、あとは簡単です。

$$\log \frac{1}{4} = \log \frac{1}{2^{\boxed{2}}} = \log 2^{\boxed{-2}} = \boxed{-2} \log 2$$
$$≒ －2 × 0.301$$
$$＝ －0.602$$

分母はマイナス乗よ！

★ R162 　対数　その15

Q 以下の対数は、底が10の常用対数とします。
1. logIのIを2倍にするとどうなる？
2. logIのIを4倍にするとどうなる？
3. logIのIを1/2倍にするとどうなる？
4. logIのIを1/4倍にするとどうなる？

A 1　$\log(I \times 2) = \log I + \log 2 \fallingdotseq \log I + 0.301$
なので、Iが2倍になると、約 **0.301** だけ増えることになります。

2　$\log(I \times 4) = \log I + \log 4 = \log I + \log 2^2 = \log I + 2\log 2$
　　　$\fallingdotseq \log I + 2 \times 0.301 = \log I + 0.602$
なので、Iが4倍になると、約 **0.602** だけ増えることになります。

3　$\log(I \times 1/2) = \log I - \log 2 \fallingdotseq \log I - 0.301$
なので、Iが1/2倍になると、約 **0.301** だけ減ることになります。

4　$\log(I \times 1/4) = \log I - \log 4 = \log I - \log 2^2 = \log I - 2\log 2$
　　　$\fallingdotseq \log I - 2 \times 0.301 = \log I - 0.602$
なので、Iが1/4倍になると、約 **0.602** だけ減ることになります。

$$\log(I \times 2) = \log I + \log 2 \fallingdotseq \log I + 0.301$$

$$\log(I \times 4) = \log I + \log 4 = \log I + \log 2^2$$
$$= \log I + 2\log 2$$
$$\fallingdotseq \log I + 0.602$$

$$\log\left(\frac{I}{2}\right) = \log I - \log 2 \fallingdotseq \log I - 0.301$$

$$\log\left(\frac{I}{4}\right) = \log I - \log 4 = \log I - \log 2^2$$
$$= \log I - 2\log 2$$
$$\fallingdotseq \log I - 0.602$$

2、4、$\frac{1}{2}$、$\frac{1}{4}$倍は
$+\log 2$、$+2\log 2$
$-\log 2$、$-2\log 2$
になるのよ！

★ **R163** 指数・対数 その1

Q $y = a^x$ ($a > 1$) のグラフの形は？

A 下図のように、x軸のマイナス側に行くほど限りなく$y=0$に近づき（x軸を漸近線として）、$y=1$でy軸と交わり（y切片）、x軸のプラス側に行くほど一気に上昇する曲線です。

たとえるなら、「ジェット戦闘機の離陸曲線」です。x軸が滑走路です。離陸前は機体はx軸からわずかに浮いていて、最初は少し浮き、そして一気に上昇します。aの数が大きいほど、上昇カーブは大きくなります。
y軸との交点が$y=1$なのは、0乗するとどんな数でも1になるからです。

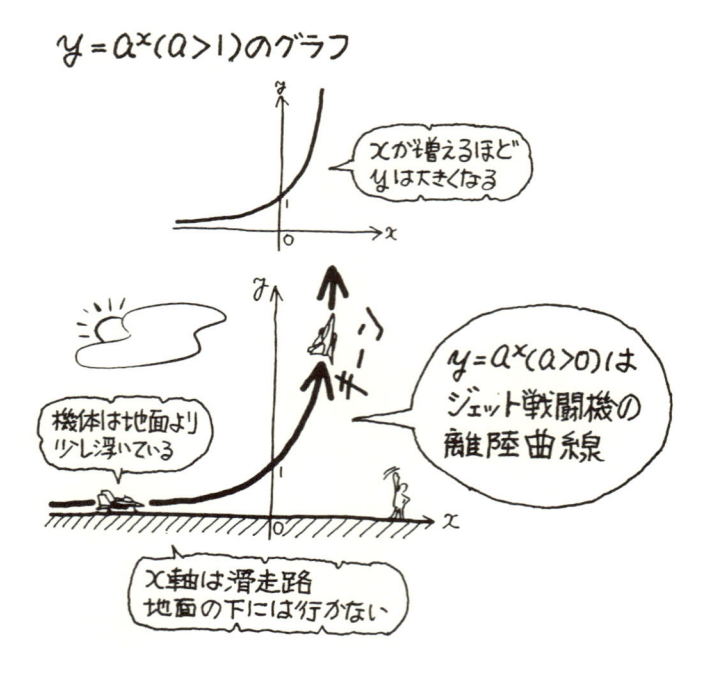

$y = a^x (a>1)$のグラフ

・xが増えるほどyは大きくなる

・$y = a^x (a>0)$はジェット戦闘機の離陸曲線

・機体は地面より少し浮いている

・x軸は滑走路 地面の下には行かない

★ R164 / 指数・対数 その2

Q $y = a^x$ ($0 < a < 1$) のグラフの形は？

A 下図のように、x軸のプラス側に行くほど限りなく$y = 0$に近づき（x軸を漸近線として）、$y = 1$でy軸と交わり（y切片）、x軸のマイナス側に行くほど一気に上昇する曲線です。

こちらも「ジェット戦闘機の離陸曲線」ですが、離陸する方向が逆になります。
1/2を2乗すると1/4になり、3乗すると1/8になり、4乗すると1/16に、というように、aが1より小さいと、x乗が増えることによって、どんどん小さくなります。
逆に、1/2をマイナス1乗すると2に、マイナス2乗すると4に、マイナス3乗すると8に、マイナス4乗すると16にと、マイナス乗が増えることによって、どんどん大きくなります。マイナス乗は分母に来るわけですが、元の数字が1/2だと、マイナス乗は逆に分子に来て、2の何乗と等しくなるからです。

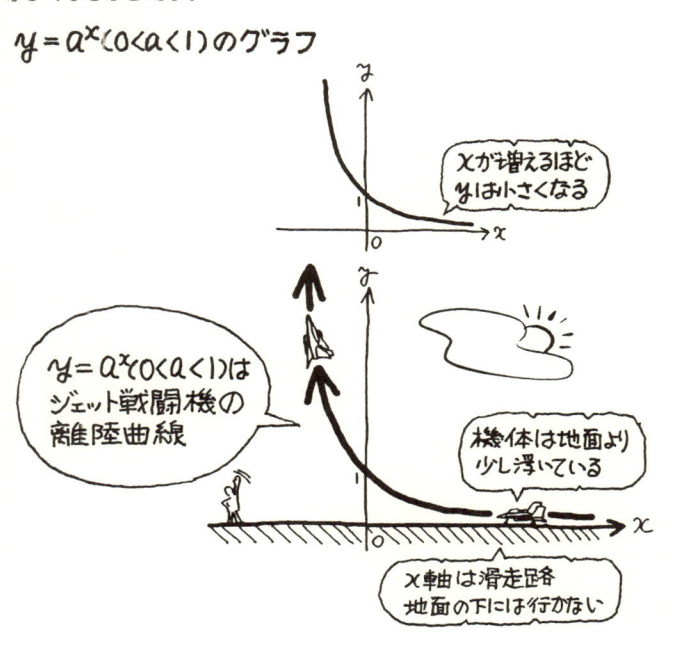

$y = a^x$ ($0 < a < 1$) のグラフ

（xが増えるほどyは小さくなる）

$y = a^x$ ($0 < a < 1$) はジェット戦闘機の離陸曲線

機体は地面より少し浮いている

x軸は滑走路 地面の下には行かない

★ R165　　　　　　　　　　　　　　　　　　　　指数・対数　その3

Q 常用対数の関数 $y = \log x$ のグラフの形は？

A 下図のように、y 軸のマイナス側に行くほど $x = 0$ に近づき（漸近線）、$x = 1$ で x 軸と交わり（x 切片）、y 軸のプラス側に行くほど x が一気に大きくなるグラフです。

これは、$y = 10^x$ のグラフを、x と y を逆にしたものです。$y = 10^x$ の x と y を逆にして、$x = 10^y$ として、それを変形すると $y = \log x$ となります。

$y = \log x$ のグラフは、y 軸を滑走路として、x 軸のプラス方向を空とした場合の、「ジェット戦闘機の離陸曲線」となります。

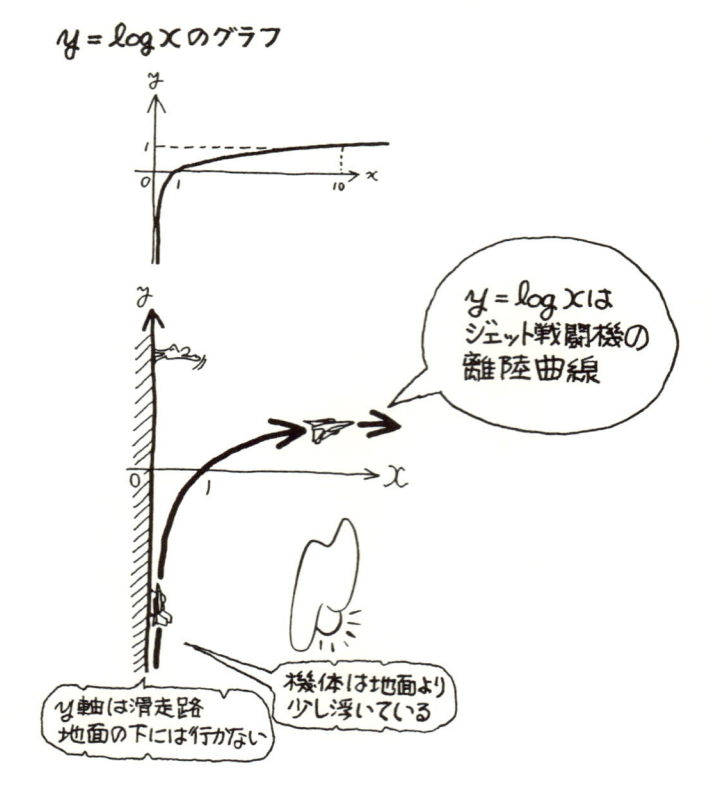

$y = \log x$ のグラフ

（吹き出し）$y = \log x$ はジェット戦闘機の離陸曲線

（註）y 軸は滑走路 地面の下には行かない

（註）機体は地面より少し浮いている

★ R166　　　指数・対数　その4

Q 対数軸とはどんな軸？

A 下図のように、$1 = 10^0$は0の位置に、$10 = 10^1$は1の位置に、$100 = 10^2$は2の位置に、$1000 = 10^3$は3の位置に、というように、実際の数値を、その対数の目盛位置に配置した軸です。

「数値を対数的に配置する」ので、対数軸と呼ばれます。10のx乗といった場合、そのxの値によって、位置が決まります。

大きな数、指数関数的に増える数を扱うのに便利なので、工学の分野ではよく使われます。

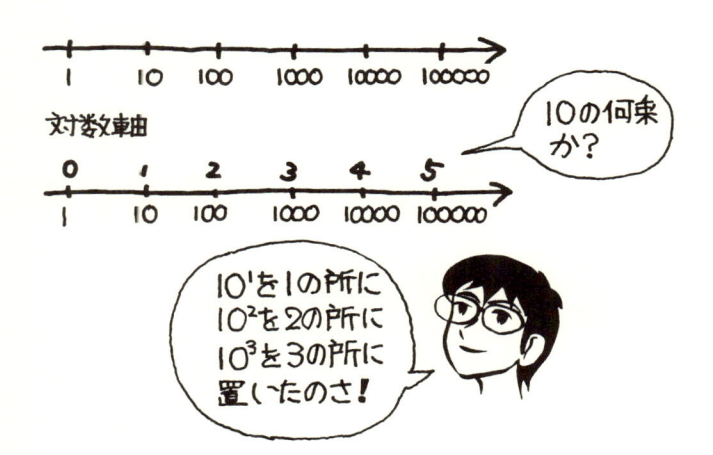

```
├──┼────┼────┼────┼────┼────┼──→
1   10  100  1000 10000 100000
```

対数軸

```
├──┼────┼────┼────┼────┼────┼──→
0   1    2    3    4    5
1   10  100  1000 10000 100000
```

10の何乗か？

10^1を1の所に
10^2を2の所に
10^3を3の所に
置いたのさ！

指数・対数 その5

Q $y = 10^x$ のグラフを、y 軸を対数軸として描くと？

A 下図のように、対数軸は、

「$10 = 10^1$」を1の位置に書く
「$100 = 10^2$」を2の位置に書く
「$1000 = 10^3$」を3の位置に書く
「$10000 = 10^4$」を4の位置に書く

という軸です。実際の数値を、その対数の目盛位置に配置する軸です。

この軸を使うと、100が2、1000が3と、小さく収めることができます。普通のグラフでは紙が足りなくなってしまう部分も、簡単に描くことができます。
指数関数は、対数軸を使うと直線のグラフになります。自然現象では指数関数が多いので、工学の分野では対数軸はよく使われます。

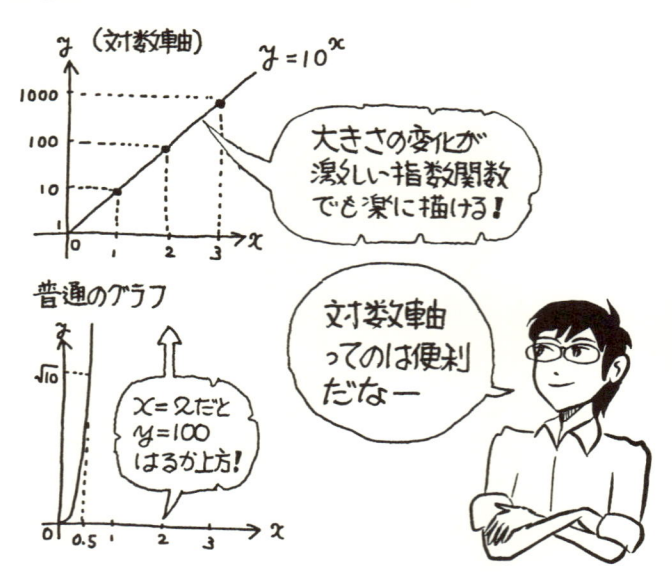

★ R168　　指数・対数　その6

Q $y = 20^x$ のグラフを、y 軸を対数軸として描くと？

A 下図のようになります。

$x = 1$ のとき、$y = 20^1 = 20$
$x = 2$ のとき、$y = 20^2 = 400$
$x = 3$ のとき、$y = 20^3 = 8000$

これをそのままグラフに描くと、y 方向にいくら紙があっても足りなくなってしまいます。そこで、y 軸を対数軸とします。
対数軸は、実際の数値を、その対数の目盛位置に配置する軸です。

$y = 20$ のとき、$\log 20 = \log(10 \times 2) = \log 10 + \log 2 = 1 + 0.301$
　　$= 1.301$
$y = 400$ のとき、$\log 400 = \log(100 \times 4) = \log 100 + \log 4$
　　$= \log 10^2 + \log 2^2 = 2\log 10 + 2\log 2 = 2 + 0.602 = 2.602$
$y = 8000$ のとき、$\log 8000 = \log(1000 \times 8) = \log 1000 + \log 8$
　　$= \log 10^3 + \log 2^3 = 3\log 10 + 3\log 2 = 3 + 0.903 = 3.903$

と、$y = 20$、400、8000 という急増する y の値を描く位置は、1.3、2.6、3.9 という位置に換えることができます。これをグラフにすると、直線になります。

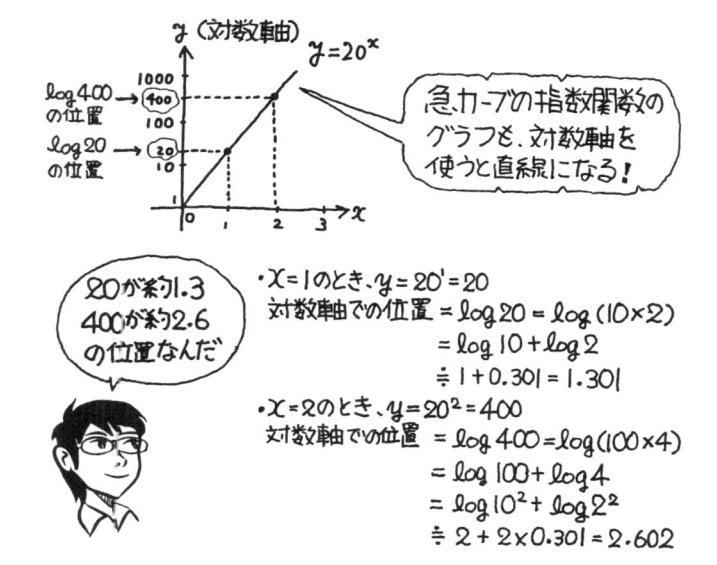

（グラフ：y（対数軸）、$y = 20^x$、$\log 400$ の位置、$\log 20$ の位置）

急カーブの指数関数のグラフを、対数軸を使うと直線になる！

20が約1.3
400が約2.6
の位置なんだ

・$x = 1$ のとき、$y = 20^1 = 20$
　対数軸での位置　$= \log 20 = \log(10 \times 2)$
　　　　　　　　　$= \log 10 + \log 2$
　　　　　　　　　$\fallingdotseq 1 + 0.301 = 1.301$

・$x = 2$ のとき、$y = 20^2 = 400$
　対数軸での位置　$= \log 400 = \log(100 \times 4)$
　　　　　　　　　$= \log 100 + \log 4$
　　　　　　　　　$= \log 10^2 + \log 2^2$
　　　　　　　　　$\fallingdotseq 2 + 2 \times 0.301 = 2.602$

★ **R169** 指数・対数 その7

Q 人間の耳に聞こえる音を考えます。
(音の最大強さ)/(音の最小強さ)＝10^{12} となります。最小の音の強さ＝1と、最大の音の強さ＝10^{12}として、グラフに描くには？

A 1、10、100 …… 10の12乗をそのまま描こうとすると、1目盛を○mmとしても10の12乗は地平線のはるか先どころか地球を離れて月の軌道の先まで行ってしまいます。
10の何乗というスケールで増えていく数は、対数軸を使うと簡単に描けます。

$1 = 10^0$ を0の位置に
$10 = 10^1$ を1の位置に
$100 = 10^2$ を2の位置に
$1000 = 10^3$ を3の位置に
　⋮
10^{12} を12の位置に

という配置で描けば、10の12乗は12の位置に描けます。

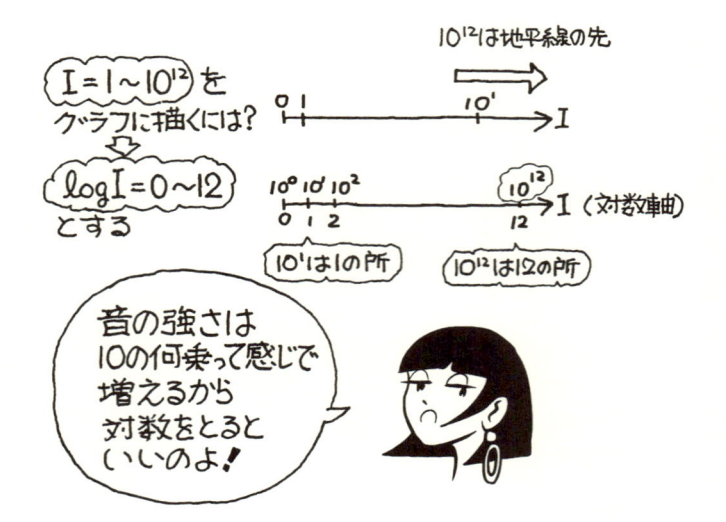

指数・対数 その8

Q 人間の耳に聞こえる音を考えます。
今の音の強さをI、最小可聴音の強さをI_0とします。
$I/I_0 = 1 \sim 10$の12乗という値の範囲があります。
1. I/I_0を横軸（対数軸）に、$\log(I/I_0)$を縦軸にしたグラフは？
2. I/I_0を横軸（対数軸）に、$10\log(I/I_0)$を縦軸にしたグラフは？

A 1. 縦軸が$\log(I/I_0)$の場合、

$1 = 10^0$を0の位置に
$1000000 = 10^6$を6の位置に
$1000000000000 = 10^{12}$を12の位置に

描くと、左下の図のように直線となります。

2. 縦軸が$10\log(I/I_0)$の場合、

$1 = 10^0$を0の位置に
$1000000 = 10^6$を60の位置に
$1000000000000 = 10^{12}$を120の位置に

描くと、右下の図のように直線となります。

「感覚は刺激量の対数に比例する」というウェーバー・フェヒナーの法則というものがあります。下図のように刺激量の対数をとると、感覚のグラフは直線になります。縦軸が感覚にほぼ等しいわけです。
横軸も対数軸、縦軸も対数軸です。横軸は、10の何乗かを示しています。3乗なら3の位置になります。その3が、感覚の値でもあります。
左のグラフは、横軸が3の位置のとき、縦軸も3とします。右のグラフはそれを10倍しただけで、横軸が3の位置のとき、縦軸は30とします。ですから、両者とも直線になるのは当然なのです。
このグラフからわかることは、刺激量の増加に対して耳は鈍感であるということです。刺激量が10倍になっても感覚は1段階しかレベルが上がっていません。音の強さが10倍、10倍と増えていっても、感覚は1段階ずつ増えていくだけです。
$\log(I/I_0)$は刺激量の対数を、$10\log(I/I_0)$は刺激量の対数を10倍した値を縦軸としています。10倍した方はデシベル（dB）値としてよく使われます。

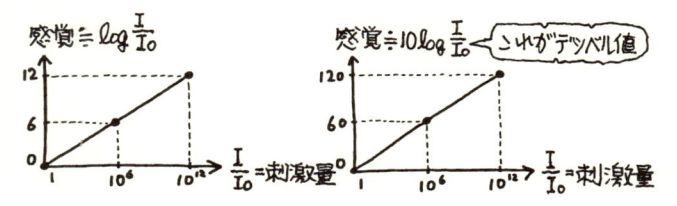

★ R171　　　　　　　　　　　　　　　　　　　　　　　　比　その1

Q 1　0.1 = 1/(　) = 10の(　)乗 = (　)割 = (　)%
　　2　1/10の図面 = 1 : (　)の図面

▼

A 1　0.1 = 1/10 = 10^{-1} = 1割 = 10%
　　2　1/10の図面 = 1 : 10の図面

普段何気なく使っている比の表し方について、復習しておきましょう。
小数の0.1は、10個集めると1になります。0.1は1の10分の1ということです。

10分の1は指数の法則より、10のマイナス1乗とも書けます。マイナス乗は分母に来ると覚えておきましょう。

ある数の1/10は、ある数の1割ということです。そして1割は、10%ということです。

1/10の図面は、本物の寸法の1/10のサイズで描かれた図面です。それを1 : 10と書くこともあります。図面：本物が、1 : 10ということです。

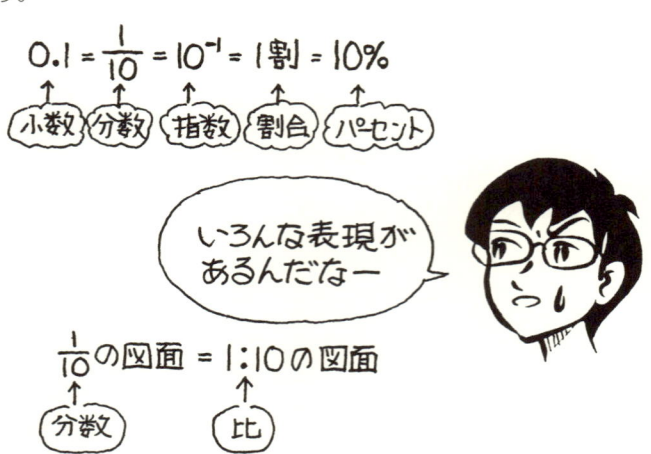

$$0.1 = \frac{1}{10} = 10^{-1} = 1割 = 10\%$$

（小数）（分数）（指数）（割合）（パーセント）

いろんな表現があるんだなー

$$\frac{1}{10}の図面 = 1:10の図面$$

（分数）　　　（比）

★ R172 　　　　　　　　　比　その2

Q 1　$0.01 = 1/(\ ) = 10 の (\ ) 乗 = (\ )分 = (\ )\%$
 2　$1/100$ の図面 $= 1 : (\ )$ の図面

A 1　$0.01 = 1/100 = 10^{-2} = 1 分 = 1\%$
 2　$1/100$ の図面 $= 1 : 100$ の図面

0.01を100個集めると1になるので、1/100と同じです。
10のマイナス2乗は、10の2乗を分母に持ってきたものです。
分（ぶ）は1/100、厘（りん）は1/1000を表します。何割何分何厘と、1/10ずつ小さくなります。
0.01は1/100ですから、1%となります。当たり前ですが、しっかりと覚えなおしておきましょう。
1/100の図面は、本物の寸法の1/100のサイズで描かれた図面です。それを1：100と比の形で書くこともあります。図面：本物が1：100ということです。

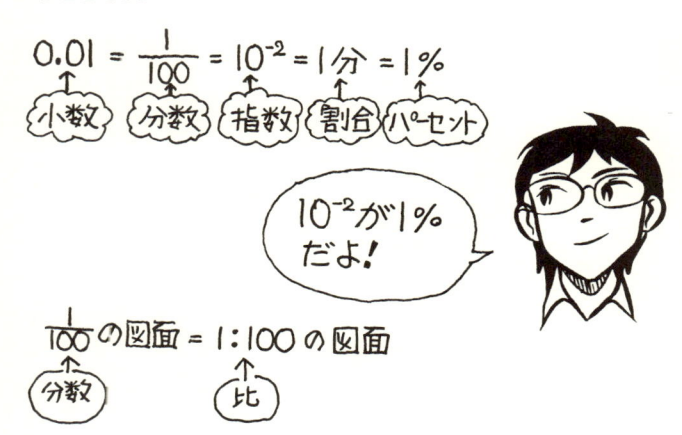

$$0.01 = \frac{1}{100} = 10^{-2} = 1分 = 1\%$$
　　小数　　分数　　指数　　割合　パーセント

「10^{-2} が1%だよ！」

$$\frac{1}{100} の図面 = 1:100 の図面$$
　　分数　　　　　　　　比

★ R173　　　　　　　　　　　　　　　　　　　　　比　その3

$\mathbf{Q}$ 1　同じ形（相似形）の場合、長さを2倍にしたら面積は何倍？
　　2　同じ形（相似形）の場合、長さをn倍にしたら面積は何倍？

$\mathbf{A}$ 1　2^2倍＝4倍
　　2　n^2倍

形が同じで大きさが違う図形を、**相似形**といいます。相似形の場合、長さがn倍のとき、面積はnの2乗倍になります。
正方形で考えれば簡単です。縦横がそれぞれ2倍になれば、面積は縦×横なので、2×2＝4倍になります。同様にn倍ならば、n×n＝nの2乗倍になります。
複雑な図形の場合でも非常に小さな正方形の集まりと考えれば、長さがn倍ならば面積はnの2乗倍と、直感的に理解できるはずです。
面積は縦×横なので、縦横がそれぞれn倍になれば、面積はnの2乗倍なのです。
同様に、体積はnの3乗倍になります。体積は縦×横×高さだからです。
面積の単位はm^2、体積の単位はm^3など、2乗、3乗が付きます。単位から連想するのも手です。

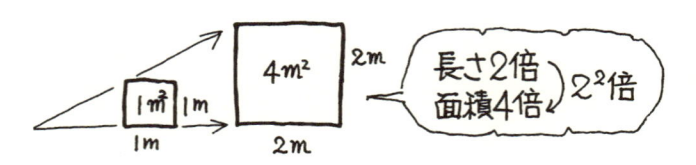

★ R174　　　　　　　　　　　　　　　　　　　　　　比　その4

Q 1　同じ形（相似形）の場合、長さを2倍にしたら体積は何倍？
　　2　同じ形（相似形）の場合、長さをn倍にしたら体積は何倍？

A 1　2^3倍＝8倍
　　2　n^3倍

立方体で考えれば簡単です。縦横高さがそれぞれ2倍になれば、体積は縦×横×高さなので、$2 \times 2 \times 2 = 8$倍になります。
複雑な立体の場合でも、非常に小さい立方体の集まりと考えれば、長さがn倍ならば体積は、$n \times n \times n = n$の3乗倍と、直感的に理解できると思います。
体積の単位はcm³、m³なので、その3乗から連想してもいいでしょう。

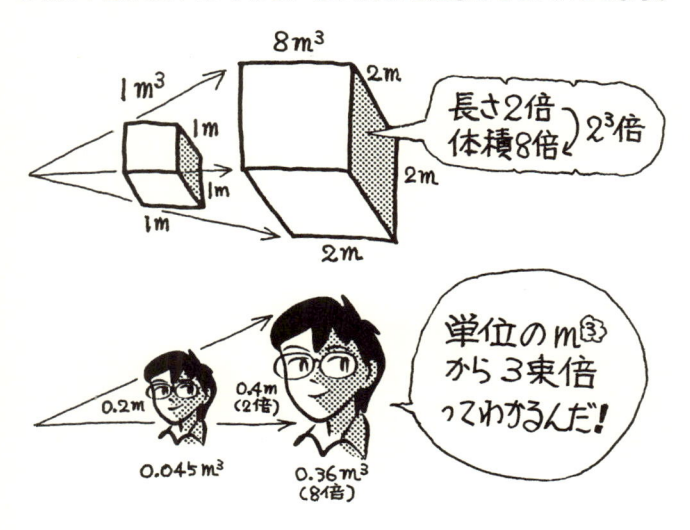

長さ2倍
体積8倍　2^3倍

単位のm③
から3乗倍
ってわかるんだ！

★ R175　　比 その5

Q A4用紙をA3用紙にするのに、何パーセント拡大すればいい？

A 141%

A3は、面積がA4の2倍です。A3を2つ折りにするとA4になります。長さがx倍になったとします。紙の縦横比は同じで相似形なので、長さがx倍ならば、面積はxの2乗倍です。xの2乗倍は、2倍に等しいので、xは$\sqrt{2}$とわかります。

$\sqrt{2}$は、約1.414ですから、1.414倍となります。パーセントで表すと、141.4%です。コピー機で141%と指定すれば、A4をA3にすることができます。

紙の規格は、すべてこのように、2つ折りにすると1ランク小さい規格になります。たとえば、B1を2つ折りにすると、B2となります。A2を2つ折りにすると、A3になります。紙を無駄にしない工夫です。

また、紙の縦横比は、必ず同じになっています。すべて$1:\sqrt{2}$です。2つ折りしても同じ比にするには、$1:\sqrt{2}$しかありません。

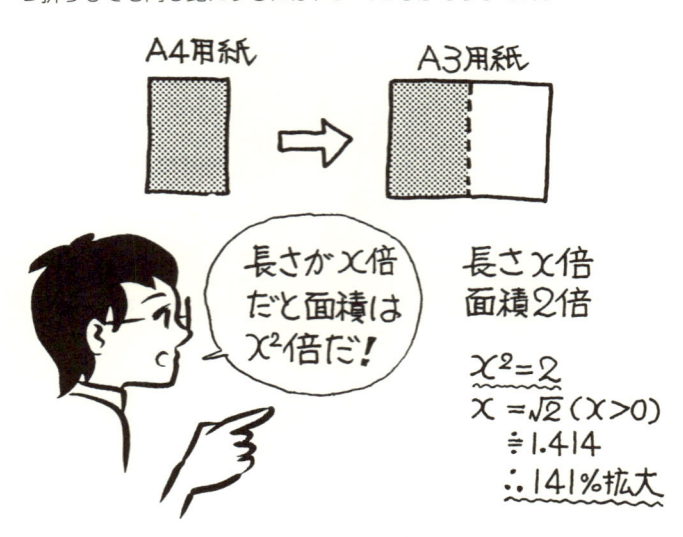

★ R176 比 その6

Q A1用紙をA2用紙にするのに、何パーセント縮小すればいい?

A 71%

A1を2つ折りするとA2となります。A1の面積の1/2倍がA2ということです。

長さがx倍になったとします。相似形ですから、長さがx倍ならば、面積はxの2乗倍です。xの2乗倍が1/2倍ですから、xは$1/\sqrt{2} = \sqrt{2}/2 \fallingdotseq 0.707$とわかります。

コピー機で71%と指定すれば、A1をA2にすることができます。

面積2倍　→長さ$\sqrt{2}$倍
面積1/2倍→長さ$1/\sqrt{2}$倍

は覚えておきましょう。

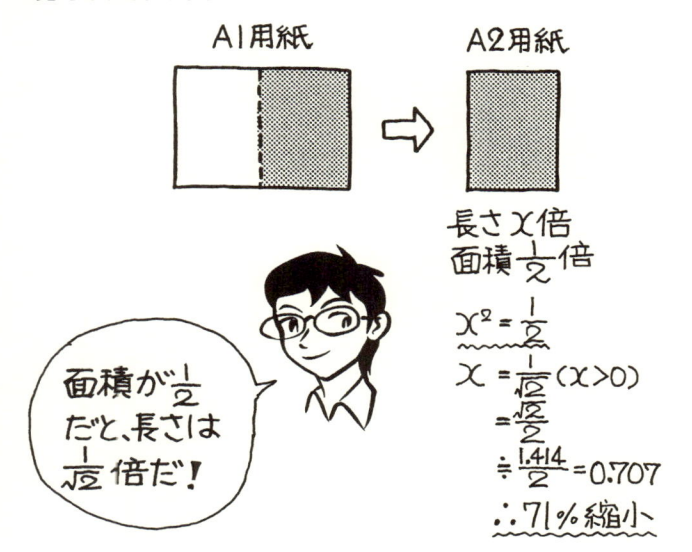

A1用紙 ⇒ A2用紙

長さ x 倍
面積 $\frac{1}{2}$ 倍

$$x^2 = \frac{1}{2}$$
$$x = \frac{1}{\sqrt{2}} \quad (x > 0)$$
$$= \frac{\sqrt{2}}{2}$$
$$\fallingdotseq \frac{1.414}{2} = 0.707$$
$$\therefore 71\% 縮小$$

「面積が$\frac{1}{2}$だと、長さは$\frac{1}{\sqrt{2}}$倍だ!」

★ **R177**　　　　　　　　　　　　　　　　　　　　比　その7

Q 1　10を3にする場合、何倍すればいい？
　　2　1/30の図面を1/20の図面にする場合、何倍すればいい？

A 1　0.3倍
　　2　1.5倍

「10→3」とするには、3/10倍となることは、直感的にわかると思います。10→3が3/10だから、「尻→頭」が「頭/尻」となります。これは覚えておくと便利です。

　　「頭/尻」倍＝3/10倍＝0.3倍＝30％

1/30の大きさを1/20の大きさ、つまり「1/30→1/20」とするには、

　　「頭/尻」倍＝(1/20)/(1/30)倍＝(1/20)×(30/1)倍＝30/20倍
　　　　　　＝3/2倍＝1.5倍

となります。コピー機では150％の拡大で、1/30を1/20にすることができます。

簡単な例で考えてみる

1　10 → 3　　　　　$\frac{3}{10}$倍　　　（矢の）頭／（矢の）尻

2　$\frac{1}{30} \to \frac{1}{20}$　　　$\frac{頭}{尻} = \frac{\frac{1}{20}}{\frac{1}{30}} = \frac{1}{20} \times \frac{30}{1} = \frac{3}{2}$倍

尻→頭　　　$\frac{頭}{尻}$で倍数が出る

矢印の頭の方を分子に持っていくんだ！

★ R178　　　　　　　　　　　　　　　　　　　　　　　　比　その8

Q 1　10を15にする場合、何倍すればいい？
　　2　1/50の図面を1/200の図面にする場合、何倍すればいい？

A 1　1.5倍
　　2　0.25倍

10を15にする場合は、10 → 15で、矢印の「頭/尻」倍となるので、
15/10倍＝1.5倍＝150%となります。
1/50を1/200にする場合は、1/50 → 1/200という縮尺で考えるよりも、
1/50m → 1/200mと長さで考えた方がわかりやすいと思います。
1/50m → 1/200mを比で考えると、「頭/尻」倍で、

$$(1/200)/(1/50)倍 = (1/200)×(50/1)倍 = 1/4倍 = 0.25倍 = 25\%$$

となります。25%縮小ができないコピー機の場合は、1/4倍＝1/2×1/2倍なので、50%縮小コピーを2回繰り返すと、25%にすることができます。

① $10 \to 15$　$\dfrac{頭}{尻}$倍 $= \dfrac{15}{10}$倍 $= 1.5$倍 $= 150\%$

② $\dfrac{1}{50} \to \dfrac{1}{200}$　$\dfrac{頭}{尻}$倍 $= \dfrac{\frac{1}{200}}{\frac{1}{50}}$倍 $= \dfrac{1}{200} \times \dfrac{50}{1} = \dfrac{1}{4}$倍

$\begin{cases} \dfrac{1}{4}倍 = 0.25倍 = 25\%縮小 \\ \dfrac{1}{4}倍 = \dfrac{1}{2} \times \dfrac{1}{2}倍 = 50\%縮小を2回 \end{cases}$

尻 ——→ 頭　　$\dfrac{頭}{尻}$倍

頭が上、尻が下！

★ R179　　　　　　　　　　　　　　　　　　　比　その9

Q 1/50の図面を1/20にするには何%拡大すればいい？

A 250%

前問と同様、1/50m → 1/20m と考えた方がわかりやすいので、

「頭/尻」倍＝(1/20)/(1/50)倍＝2.5倍＝250%

となります。やり方を忘れても、2→1は1/2ですから、矢印の「頭/尻」とすぐにわかります。
200%までしかできないコピー機の場合は、

$$2.5 倍 = \sqrt{2.5} \times \sqrt{2.5} 倍 \fallingdotseq 1.581 \times 1.581 倍$$

なので、158%拡大コピーを2回繰り返すと、250%にすることができます。

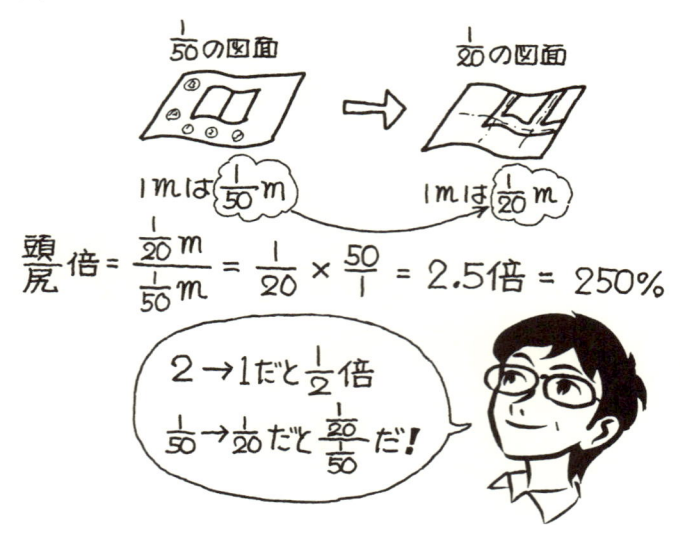

$$\frac{頭}{尻} 倍 = \frac{\frac{1}{20}m}{\frac{1}{50}m} = \frac{1}{20} \times \frac{50}{1} = 2.5 倍 = 250\%$$

2→1だと $\frac{1}{2}$ 倍
$\frac{1}{50} \to \frac{1}{20}$ だと $\frac{20}{50}$ だ！

R180　比　その10

Q 半分に折っても、小さい辺と大きい辺の比が変わらない紙があります。その紙の辺の比は？

A $1 : \sqrt{2}$

半分にした場合の長い辺を x、短い辺を1とします。下図のように、半分にする前は、短い辺は x、長い辺は2となります。辺の比を等しいとして比例の式をつくると、

$$x : 2 = 1 : x$$

となり、外項の積＝内項の積より、

$$x^2 = 2$$
$$x = \sqrt{2} \ (x > 0)$$

よって、紙の辺の比は $1 : \sqrt{2}$ とわかります。
A1、A2、A3などのA系列、B1、B2、B3などのB系列の用紙は、すべて $1 : \sqrt{2}$ となっています。なぜなら、半分に切っても縦横の比率が同じになるからです。半分に裁断すると1ランク下の規格になるので、紙の無駄がまったくなくなります。

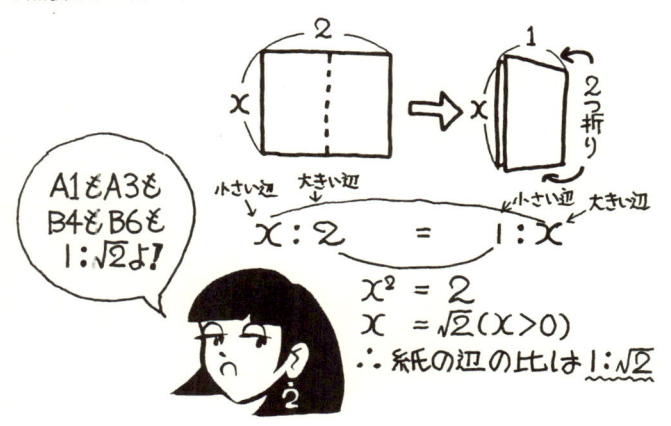

「A1もA3もB4もB6も $1:\sqrt{2}$ よ!」

★ R181　　　　　　　　　　　　　　　　　　　比 その11

Q 10^3、10^6、10^9、10^{12}を表す接頭語は？

▼

A K（キロ）、M（メガ）、G（ギガ）、T（テラ）

1kmは1000m、10の3乗メートルです。このような接頭語は、大きな数を表すのに便利です。
パソコンの記憶容量 KB（キロバイト）などは、2の10乗＝1024を1キロとしています。2進数では2の10乗をK（キロ）とした方が、2進数の桁上がりにピッタリと当てはまって便利だからです。
まずは、このキロ、メガ、ギガ、テラという言葉と、K、M、G、Tという記号を覚えましょう。

[スーパー記憶術]
1キロ 目が 銀河 寺 さ!
K　　M　　G　　T　3乗

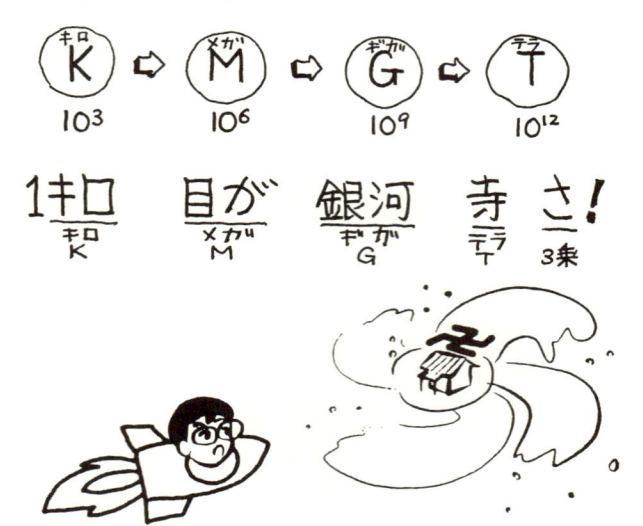

$$K(キロ) \Rightarrow M(メガ) \Rightarrow G(ギガ) \Rightarrow T(テラ)$$
$$10^3 \quad\quad 10^6 \quad\quad 10^9 \quad\quad 10^{12}$$

1キロ　　目が　　銀河　　寺　　さ!
 キロ　　メガ　　ギガ　　テラ　　3乗
 K 　　　M 　　　G 　　　T

★ **R182** 比 その12

Q 10^{-3}、10^{-6}、10^{-9}、10^{-12}を表す接頭語は？

A m(ミリ)、μ(マイクロ)、n(ナノ)、p(ピコ)

1mm（ミリメートル）は、1000分の1メートル、10のマイナス3乗メートルです。このような接頭語は、小さな数を表すのに便利です。
ミリ、マイクロ、ナノ、ピコという言葉と、m、μ、n、pという記号を覚えましょう。

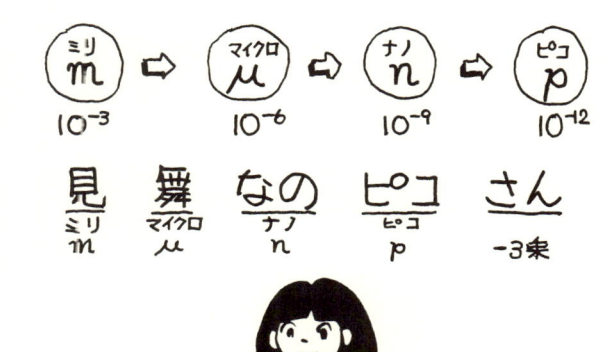

[スーパー記憶術]
<u>見</u> <u>舞</u> <u>なの</u> <u>ピコ</u> <u>さん</u>
m　μ　n　　p　　−3乗

ミリ m	マイクロ μ	ナノ n	ピコ p
10^{-3}	10^{-6}	10^{-9}	10^{-12}

見（ミリ m）　舞（マイクロ μ）　なの（ナノ n）　ピコ（ピコ p）　さん（−3乗）

★ R183　　　　　　　　　　　　　　　　　　比　その13

Q 1　5kN（キロニュートン）は何N？
　　2　20000N（ニュートン）は何kN？

A 1　$5kN = 5 \times 10^3 N = 5000N$
　　2　$20000N = 2 \times 10^4 = 20 \times 10^3 = 20kN$

10の4乗＝10×10の3乗といった指数の計算には慣れておきましょう。

キロニュートン
$5kN = 5 \times 10^3 N = 5000N$
$20000N = 2 \times 10^4 N = 20 \times 10^3 N = 20kN$　キロニュートン

kは
$10^3 = 1000$
だよ！

★ R184　比　その14

Q PPMとは？

A 10の6乗分の1、100万分の1という比を表します。

PPMのMは、Million（ミリオン）のMで、100万＝10の6乗を意味します。ミリオネア（Millionaire）は100万長者のことです。ここでいう100万とは100万ドルのことで、日本円では1億円です。

PPMのPPとは、Parts Perの略で、Partsとは部分です。Perは、パー・アワーとかパー・セコンドのように、1時間当たり、1秒当たりなどの意味でよく使われます。時間数で割った、秒数で割ったという意味で、「○分の何」といった場合の「分の」に当たる英語です。

よって、PPMは100万分の1の部分ということです。10の6乗分の1です。

PPMのMは「ミリオンのM＝100万＝10の6乗」と覚えておきましょう。

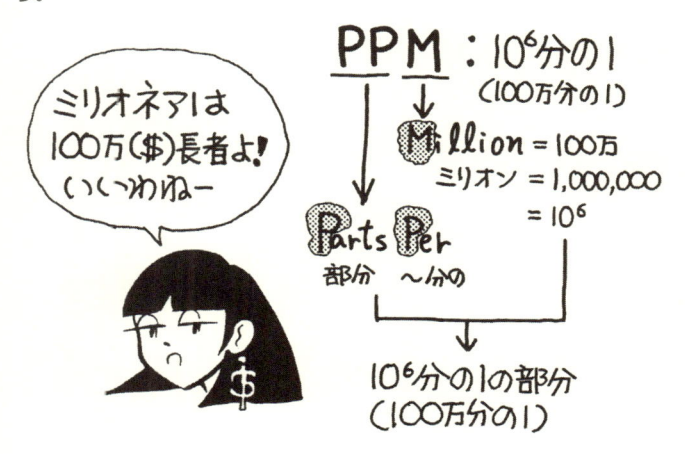

ミリオネアは100万($)長者よ！いいわねー

PPM：10^6分の1
（100万分の1）

Million＝100万
ミリオン＝1,000,000
＝10^6

Parts Per
部分　〜分の

10^6分の1の部分
（100万分の1）

R185 比 その15

Q 1 1000PPMは何分の1？ 何％？
2 10PPMは何分の1？ 何％？

▼

A 1 $1000\text{PPM} = 10^3/10^6 = 1/10^3 = 1/1000$
$= (1/10) \times (1/100) = 0.1\%$
2 $10\text{PPM} = 10/10^6 = 1/10^5 = 1/100000$
$= (1/1000) \times (1/100) = 0.001\%$

上の式で 10^n は、10のn乗を表します。
PPMは10の6乗分の1です。また1/100が1％です。それさえわかれば簡単に解けます。
二酸化炭素の濃度は1000PPM以下、一酸化炭素の濃度は10PPM以下は、環境基準としてよく出てきます。この場合の濃度は、容積の比率です。全体の容積1に対して、1000PPM＝1/1000＝0.1％ということです。

$$1000\text{PPM} = 10^3\text{PPM} = \frac{10^3}{\underbrace{10^6}_{\text{PPM}}} = \frac{1}{10^3} = \begin{cases} \frac{1}{1000} \\ \frac{1}{10} \times \frac{1}{\underbrace{10^2}_{\%}} = 0.1\% \end{cases}$$

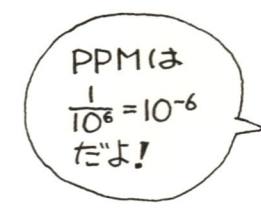

$$10\text{PPM} = \frac{10}{\underbrace{10^6}_{\text{PPM}}} = \frac{1}{10^5} = \begin{cases} \frac{1}{100000} \\ \frac{1}{10^3} \times \frac{1}{\underbrace{10^2}_{\%}} = 0.001\% \end{cases}$$

> PPMは
> $\frac{1}{10^6} = 10^{-6}$
> だよ！

★ R186　　　気体　その1

Q 気体の状態方程式は？

A $pV = nRT$（p：気圧、V：体積、n：モル数、R：気体定数、T：絶対温度）

この式に正確に従う気体は、**理想気体**と呼ばれています。実際の気体は、この方程式から若干ずれます。
モル数とは、量を表す単位のひとつです。まずは、この式をまるごと覚えることからはじめましょう。

[スーパー記憶術]
パブ は 慣れた!
 pV ＝ nRT

★ R187 気体 その2

Q 量（質量、モル数）が同じ場合、気体の体積は（①）に比例し、（②）に反比例します。

▼

A ①絶対温度、②気圧

状態方程式、$pV = nRT$ を、体積 V イコールの形に変形すると、

$V = nRT/p$

となります。T は分子にあるので、T が 2 倍になれば V も 2 倍になります。したがって、V は T に比例しています。
一方、p は分母にあるので、p が 2 倍になれば V は半分になります。よって、V は p に反比例します。
気体は熱くなると膨張し、圧縮すると収縮するのは感覚的にわかります。正確には、気体の体積は絶対温度に比例し、気圧に反比例することになります。

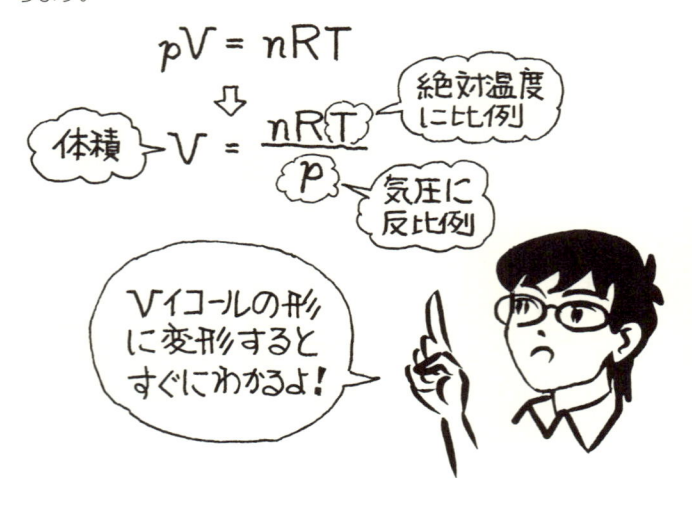

$$pV = nRT$$

$$体積\ V = \frac{nRT}{p}$$

・nRT → 絶対温度に比例
・p → 気圧に反比例

「V イコールの形に変形するとすぐにわかるよ！」

気体　その3

Q 量（質量、モル数）と気圧が同じ場合、10℃の気体が20℃になったとき、体積は何倍？

A 1.03倍

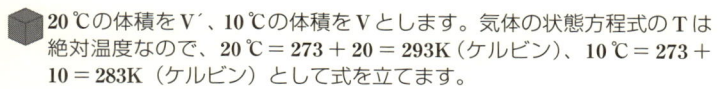

20℃の体積をV´、10℃の体積をVとします。気体の状態方程式のTは絶対温度なので、20℃ = 273 + 20 = 293K（ケルビン）、10℃ = 273 + 10 = 283K（ケルビン）として式を立てます。

　　20℃の状態方程式は、$pV´ = nR(273 + 20)$ ……(1)
　　10℃の状態方程式は、$pV = nR(273 + 10)$ ……(2)

(1)/(2)として、$V´/V = 293/283 = 1.03$、よって、

　　$V´ = 1.03V$

となります。10℃から20℃まで10℃気体の温度が上昇すると、体積は1.03倍となります。実際の空気では、気圧も変化し、理想気体でもないので、若干数字は異なります。
10℃から20℃になったからといって、単純に体積は2倍になりません。絶対温度に比例する点に注意してください。

$$20℃のとき \Rightarrow pV´ = nR(273+20) \cdots ①$$
$$10℃のとき \Rightarrow pV = nR(273+10) \cdots ②$$

$$\frac{①}{②} = \frac{pV´}{pV} = \frac{nR(273+20)}{nR(273+10)}$$

$$\frac{V´}{V} = \frac{293}{283} \fallingdotseq 1.03$$

$$\therefore V´ = 1.03V$$

10℃は283K（ケルビン）だよ！

気体 その4

Q 量(質量、モル数)と温度が一定の場合、1気圧の気体が1.5気圧になると、体積は何倍?

A 0.67倍

1.5気圧の体積をV'、1気圧の体積をVとして状態方程式を立てます。

1.5気圧の状態方程式は、$1.5 \cdot V' = nRT$ ……(1)
1気圧の状態方程式は、$1 \cdot V = nRT$ ……(2)

(1)/(2)として、$1.5V'/V = 1$、よって、

$V' = 1/1.5 V ≒ 0.67V$

となります。気圧が1.5倍になると、体積は1/1.5となるのがわかります。

1気圧とは、地表での大気圧です。場所によって、標高によって、気圧配置によって、多少変わります。正確には、以下のように定められています。atm(アトム)とは、atmosphere(アトモスフィア:大気)からきています。

1気圧 = 1atm = 1013.25hPa(ヘクトパスカル)

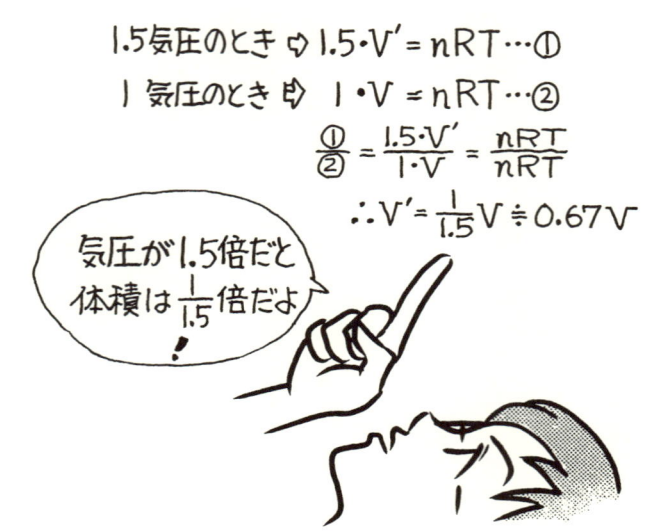

$$1.5気圧のとき \Rightarrow 1.5 \cdot V' = nRT \cdots ①$$

$$1気圧のとき \Rightarrow 1 \cdot V = nRT \cdots ②$$

$$\frac{①}{②} = \frac{1.5 \cdot V'}{1 \cdot V} = \frac{nRT}{nRT}$$

$$\therefore V' = \frac{1}{1.5}V ≒ 0.67V$$

気圧が1.5倍だと体積は$\frac{1}{1.5}$倍だよ!

★ R190　　　　　　　　　　　　　　　　　気体　その5

Q 1気圧（1atm）は何 hPa（ヘクトパスカル）？
▼
A 1気圧 = 1013.25 hPa

Pa（パスカル）は、N/m^2（ニュートン・パー・平方メートル）のことです。h（ヘクト）とは100倍という意味です。ha（ヘクタール）は100a（アール）です。よって、

　　$1hPa = 100 N/m^2$（1ヘクトパスカル = 100ニュートン・パー・平方メートル）

となります。よって、

　　1気圧 = 1013.25hPa = 101325Pa = 101325N/m^2

でもあります。

[スーパー記憶術]
獣医さん、日光　へ行くと（博多弁風）
　1013.　　　25　　ヘクト

★ R191 波 その1

Q 水の波は横波、縦波？

A 横波です。

水の各点は上下に動いているだけで、進行方向には動いていません。このように、波の進行方向に対して垂直に、各点が振動する波を**横波**と呼びます。

また、波をつくる各点のことを、**波の媒質**と呼びます。波を伝える媒体となる物質という意味です。

水の波は、各媒質が進行方向に対して垂直な方向に動く横波です。

実際の水の波は、各点が複雑な動きをするため、厳密な横波ではありません。ここではわかりやすい例として挙げました。厳密な横波の例としては、電磁波があります。また横波は、**高低波**と呼ばれることもあります。

[スーパー記憶術]
横浜 の 波
横波 ← 水の波

★ R192　　　　　　　　　　　　　　　　　　　波　その2

Q 音波は横波、縦波？

A 縦波です。

音の波は普通、空気を媒体として伝わります。媒体となる空気が、密になったり疎になったりして、密度の高低を繰り返して、波を伝えていきます。

水の中では、音は水を媒体として伝わります。水の中では人間は声を出せませんが、いろいろな音を聞くことができます。ダイビングをすると、よくわかります。水が密になったり疎になったりして、音波を伝えているのです。

音波を伝える各点の媒質は、進行方向と平行に振動します。このように、進行方向と平行に媒質が動く波を、**縦波**と呼びます。密と疎の入れ替わりで伝わるので、**疎密波**とも呼ばれます。

縦波、疎密波という名前と、その伝わり方は、ここで覚えておきましょう。

進行方向 → 音波

疎　密　疎　密

疎　密　疎　密

媒質は進行方向に平行に(縦に)動く ⇨ 縦波(疎密波)

これも縦波よ！

11 波と振動

★ **R193** 波　その3

Q 地震は横波、縦波？
▼
A 地震は横波、縦波の両方の形で伝わります。

震源からの伝わり方には、横波、縦波の両方があります。縦波は早く伝わり、横波は遅く伝わります。
　縦波は疎密波ですから、進行方向に対して平行に押し出される形で伝わるので、縦波の方が速いというのは、感覚的にも納得できます。

R194　波　その4

Q 地震のP波、S波とは？

A P波は縦波で、最初に到達する振動。S波は横波で、P波の次に到達する振動

PはPrimary（プライマリー：第一の）のP、SはSecondary（セコンダリー：二番目の）のSです。英語で覚えてしまった方が、思い出しやすいでしょう。

縦波のP波は、最初に到達する細かい揺れなので、**初期微動**とも呼ばれます。この初期微動を感知すると、エレベーターや鉄道などの乗り物は自動停止するように設定されています。

★ R195　　　　　　　　　　　　　　　　　　　　　波　その5

Q 各点が上下に動く横波があります。各点が上に来て下に下がり、また上に戻る時間が2秒だとします。この場合の周期Tは？

A 周期 T = 2秒

循環して起こる動作が、ひと回りして同じ地点に戻るのに要する時間が周期です。記号はTimeのTがよく使われます。
　地球の自転周期は約24時間、公転周期は約365日です。ぐるっと回って、あるいは振動して同じ地点に戻るのにかかる時間が周期です。

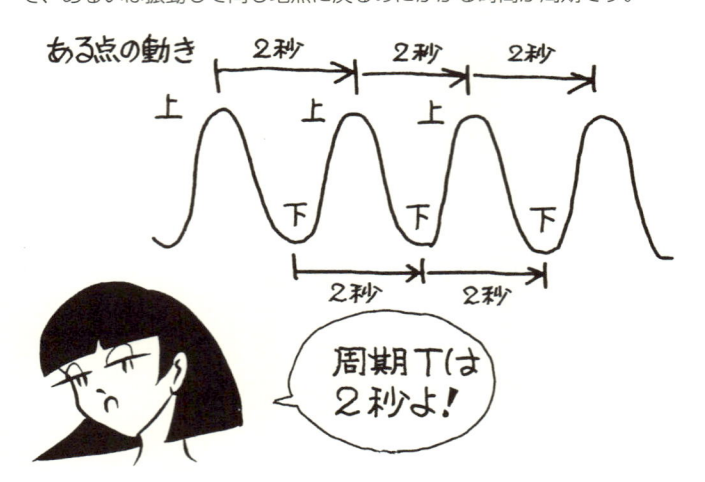

ある点の動き

周期Tは2秒よ！

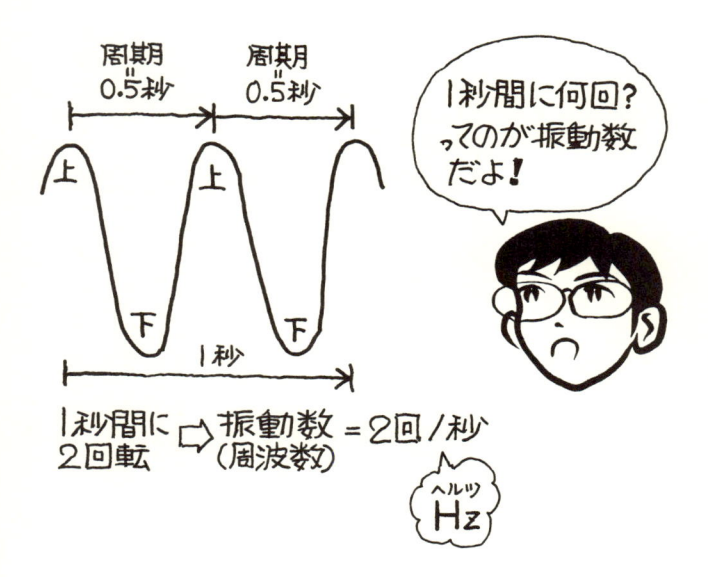

★ **R196** 波 その6

Q 周期が0.5秒で振動するある点の振動数（周波数）は？

A 2Hz（ヘルツ）

振動数（周波数）とは、1秒間に何回振動するか、何回転するかを表す数値です。
周期が0.5秒ということは、ぐるっと回って（振動して）同じ所に戻るのに0.5秒かかるということです。
0.5秒で1回転ですから、1秒間に2回転（振動）することになります。ですから、振動数（周波数）は2回/秒(Hz)となります。計算で出すには、

　　振動数＝1/周期＝1/0.5＝2Hz

となります。ヘルツ(Hz)は振動数の単位で、回/秒を表します。

[スーパー記憶術]
ヘ理屈を言う回数
ヘルツ

1秒間に何回？
ってのが振動数
だよ！

1秒間に2回転 ⇨ 振動数（周波数）＝2回/秒

ヘルツ
Hz

★ R197 波 その7

Q 周期が2秒で振動するある点の振動数（周波数）は？

A 0.5Hz（ヘルツ）

1秒間に何回振動するか、何回うねるかが振動数（周波数）です。
周期が2秒ということは、同じ点に戻るのに2秒かかるということです。
1回転するのに2秒かかるということです。1秒間では半分しか動いていません。1秒間で0.5回転です。したがって、振動数は0.5回/秒（Hz）です。
振動数を計算で出すには、1秒を周期（2秒）で割ればいいのです。

　　振動数 = 1/2 = 0.5Hz

となります。

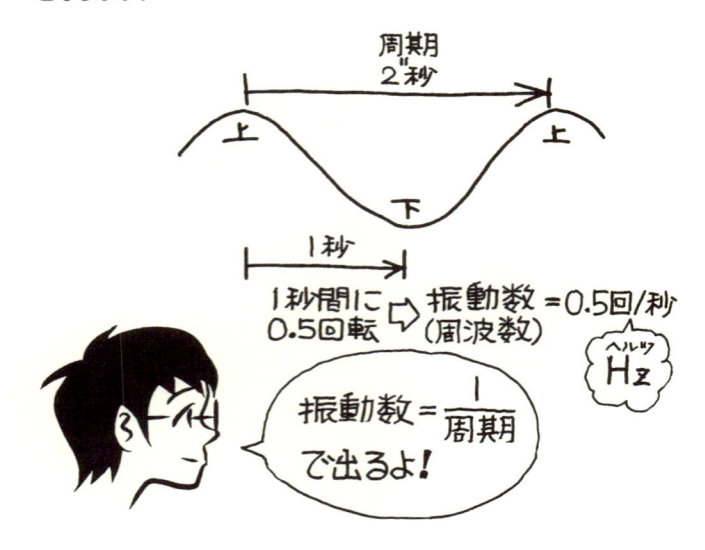

★ **R198** 波 その8

Q 音は、振動数が高いと高音？ 低音？

A 高音になります。

高周波数の音は高音、低周波数の音は低音です。
女性の声は 200〜800Hz 程度、男性の声は 80〜200Hz 程度です。もちろん、個人差はありますが、女性の方が一般には高い声です。

★ R199　　　　　　　　　　　　　　　　　　　　波　その9

Q 音が1オクターブ高くなると、振動数は何倍？

A 2倍

ドレミファソラシドの、最初のドと次のドの振動数（周波数）は2倍違います。
実際のピアノの調律では、ちょうど2倍より、若干ずらすことがあるそうです。

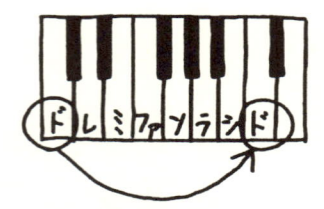

★ R200　　　　　　　　　　　　　　波　その10

Q 波長が1.7m、振動数が200Hzの波の速さは？

A 340m/s

波長が1.7mとは、ひと山の長さが1.7mということです。山から山、谷から谷の長さが1.7mでもあります。

振動数が200Hzの波とは、1秒間に通りすぎる山の数が200個ということです。ある点だけに注目すると、その点が1秒間に200回、上下振動することでもあります。

1.7mの山が、1秒間に200個通りすぎるわけです。ということは、1秒間に、

$$1.7\text{m} \times 200 = 340\text{m}$$

だけ進むことになります。よって、この波の速さは340m/sとなります。一般に、波の速さは、

　　波の速さ＝波長×振動数

で計算できます。

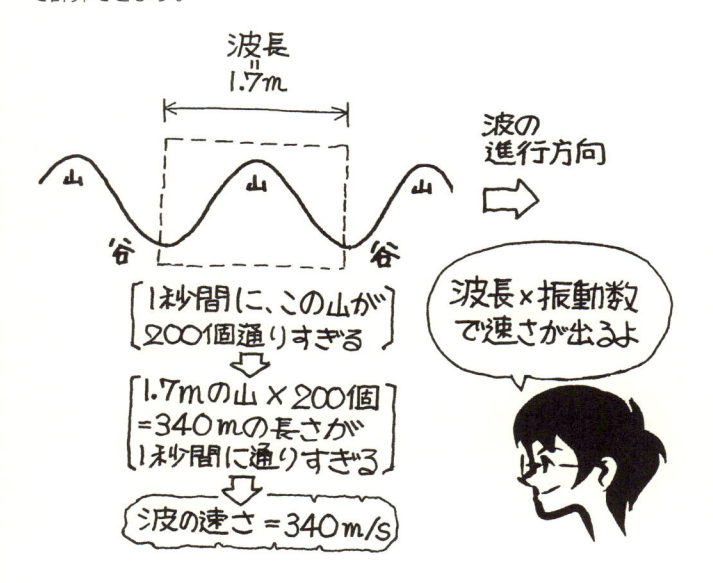

★ R201　　　　　　　　　　　　　　　　波　その11

Q 音の速さが340m/sで一定とします。
1　振動数200HzのA君の声の波長は？
2　振動数400HzのBさんの声の波長は？

A 1　1.7m
2　85cm

波長×振動数＝速さなので、波長をxとすると、

$x \times 200 = 340$ だから、$x = 340/200 = 1.7$m
$x \times 400 = 340$ だから、$x = 340/400 = 0.85$m $= 85$cm

音の速さは、気温が高くなると速くなります。ただし、気圧や振動数が変化しても、速さは一定です。
音の速さが一定だと、振動数が変わると、波長が変わることになります。振動数の高い声は波長が短く、低い声は波長が長くなります。
波長×振動数＝音速≒340m/sなので、波長×振動数が一定となるように、波長と振動数が相互に動きます。

波長 × 振動数 = 速さ

1　$x \times 200$ (Hz) $= 340$ (m/s)
　　$x = \dfrac{340}{200} = 1.7$ (m)

2　$x \times 400$ (Hz) $= 340$ (m/s)
　　$x = \dfrac{340}{400} = 0.85$ (m)
　　　　　　　　　$= 85$ (cm)

音の速さは同じだから波長が変わるんだ！

★ R202 波 その12

Q 音のような縦波（疎密波）を横波として描くには？

A 各媒質が右に動いたら、その動いた距離分、上にずらして点を打つ（プロットする）。左に動いたら、その動いた距離分、下にずらして点を打つ。このようにして複数の点をプロットしたのち、それらをなめらかな線で結ぶと波が描けます。

縦波＝疎密波は、密になったり疎になったりして伝わる波です。したがって、われわれがイメージしているような波の形はしていません。表記上わかりやすい波を描きたい場合は、上記のような方法で、縦波を横波のようにして描きます。
音の波を、これまでサインカーブのような波でイラストに描いてきました。実際の音は空気の疎密で伝わるので、このような波があるわけではありません。わかりやすいように、疎密を上下の動きに置き換えて、横波の形に表現しているわけです。

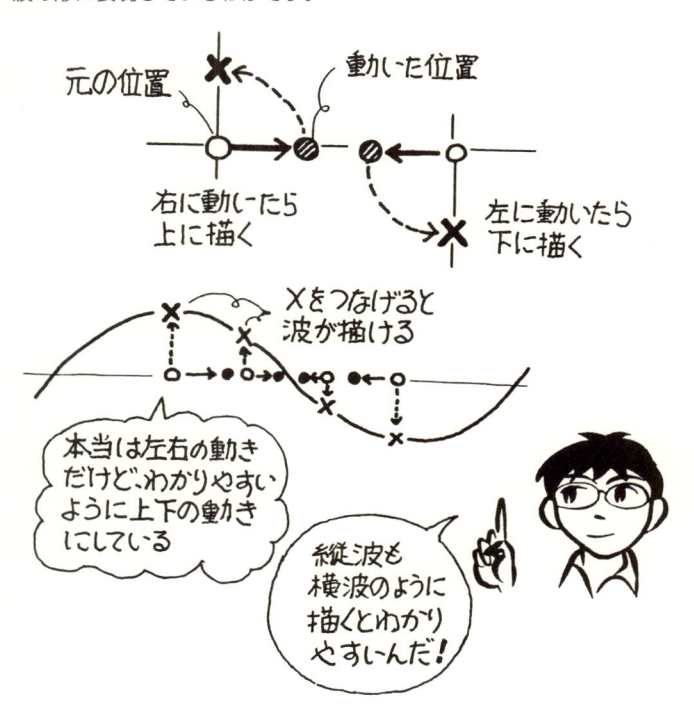

元の位置　動いた位置
右に動いたら上に描く　左に動いたら下に描く

Xをつなげると波が描ける

本当は左右の動きだけど、わかりやすいように上下の動きにしている

縦波も横波のように描くとわかりやすいんだ！

★ R203　　　　　　　　　　　　　波　その13

Q 音が障害物の裏側に回り込む現象を何という？

A 回折といいます。

波が障害物の後ろに回り込む現象を、**回折**といいます。
音や光は波なので、壁の後ろにも回り込みます。ただし、光は波長が短いので、あまり大きく回折はしません。波長が長い波ほど、回り込みが大きくなります。

音が障害物の裏側に回り込む現象を回折というんだ！

回折
折れて回り込む

波 その14

Q 波と波が重なり合って、強め合ったり弱め合ったりする現象を何という?

A 干渉といいます。

山と山が重なると山はさらに高くなり、山と谷が重なると山は低くなります。
水の波どうしがぶつかると、強め合う部分と弱め合う部分が同じ点にできて、波の形が変わって見えます。
干渉は、波(波動)だけに見られる現象です。

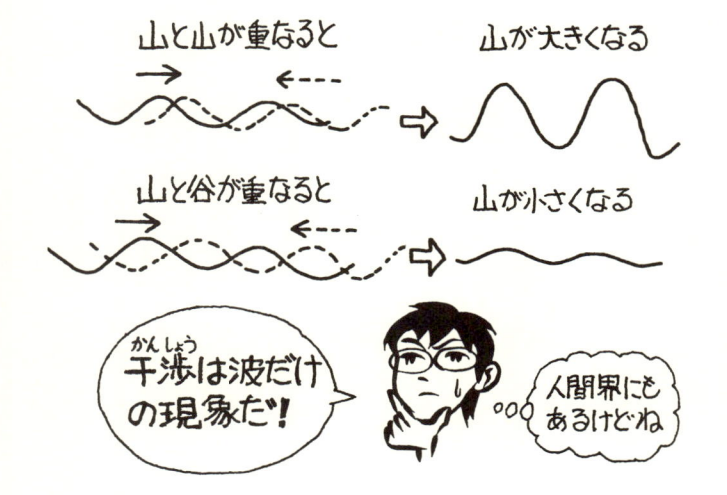

山と山が重なると → 山が大きくなる

山と谷が重なると → 山が小さくなる

干渉(かんしょう)は波だけの現象だ!

人間界にもあるけどね

★ R205 振動 その1

Q バネを自然の状態からxだけ伸ばしたとき、そのバネから受ける力Fをxで表すと？

A $F = kx$ （k：定数）

上記のような式で表せます。力は変位（伸びた長さ）に比例します。2倍伸ばせば2倍の力が働き、1/2倍伸ばせば1/2倍の力が働きます。ただし、バネがすぐに元に戻れる状態での話です。すぐに元に戻る性質を**弾性**といいます。弾性の限界を超えて、バネが伸びきってしまうと、元に戻る力は生じなくなります。

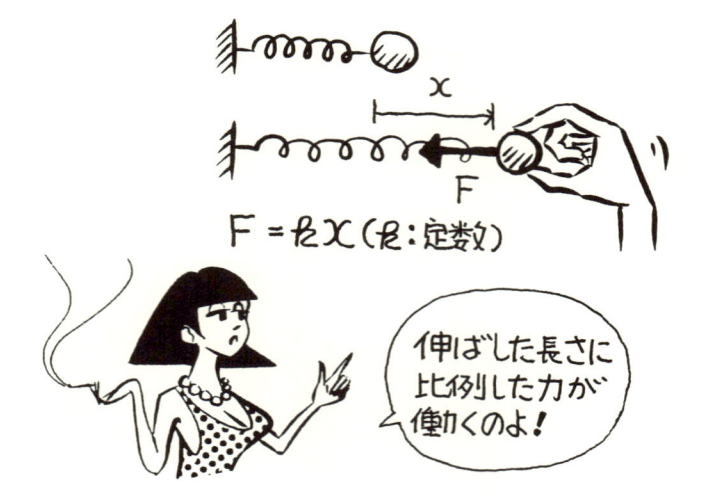

伸ばした長さに比例した力が働くのよ！

★ **R206**　　　　　　　　　　　　　　　　　　　振動　その2

Q バネに力を加えると変形するが、力を抜くと元に戻る性質を何という？

A 弾性といいます。

英語では elasticity、ギリシャ語の「戻る」に由来する言葉です。
バネはある範囲では、力を加えても元に戻ります。弾力のある性質という意味で、**弾性**と呼ばれます。
バネやゴムほどではありませんが、コンクリート、鉄などでも、若干の変形は元に戻ります。弾性があるということです。その弾性の限界を超えると、元に戻らなくなります。

弾力のある性質 = 弾性（だんせい）

男性は
へこんでも
すぐ立ち直る
！

ウソ
おっしゃい

★ R207　　　　　　　　　　　　　　　　振動　その3

Q 力を加えて変形させたあとに力を抜いても、変形したまま元に戻らない性質を何という？

A 塑性といいます。

粘土は、力を加えたら変形し、力を抜いてもそのままで元に戻りません。このような性質を**塑性**といいます。英語では plasticity です。
バネは、力を加えても一定の範囲内では元に戻ります。弾性が保持されている範囲を、**弾性範囲**といいます。ただし、変形がある限度を超えると、元に戻らなくなります。このように弾性体でも、一定の限度以上では塑性の性質を持つようになります。

R208　振動　その4

Q おもりの付いたバネを少し伸ばして手を離した場合の振動、おもりの付いた振り子を少し横に動かして手を離した場合の振動は、何という振動？

A 単振動です。

大きく動かして振動させると単振動とはなりませんが、ちょっと動かして元に戻ろうとする動きは、単振動となります。
単振動とは、もっとも単純な振動です。一般の振動は複雑ですが、この単振動の合成と考えることもできます。

バネや振り子の振動は単振動だ！

★ R209　振動　その5

Q 等速で円運動しているおもりに、真横から平行光線を当てると、その影の運動は？

A 単振動です。

毎秒同じ角度で回る物体を、真横から見ると、上下に規則的に振動しているように見えます。この振動が単振動です。単振動の定義が、この**円運動の射影**です。

正確には、「ある点が等速円運動するとき、その点の直径（あるいは直径に平行な直線）に投ずる正射影の運動を単振動という」です。

正射影とは、ある点を投影する面に垂直に下ろした点のことです。垂直に下ろすところが「正」なわけです。普通の射影は、斜めも垂直もあります。

★ R210 振動 その6

Q 1秒間に45°回転する物体の角速度 ω（オメガ）は？

A $\omega = 45\,(°/s)$、または $\pi/4\,(\text{rad/s})$

1秒間にどれくらい回るかが角速度です。角速度＝角度の速度です。角速度の記号は、ω（オメガ）がよく使われます。
角度を度（°）で表す場合と、弧度（rad、ラジアン）で表す場合があります。数学では、弧度がよく使われます。
弧度とは、弧の長さが半径の何倍かで表します。360°では弧の長さは半径の（2×円周率）倍、180°では弧の長さは半径の円周率倍です。したがって弧度は、360°では 2π（パイ）ラジアン、180°では π ラジアンです。

[スーパー記憶術]
おメメが　回る
オメガ　　角速度

パイを半分食べる
π　　　180°

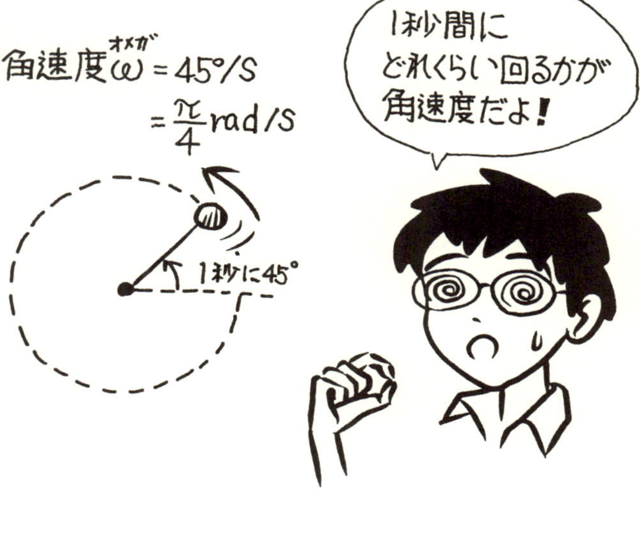

角速度 $\omega = 45°/S$
$= \dfrac{\pi}{4}\,\text{rad}/S$

1秒に45°

「1秒間に どれくらい回るかが 角速度だよ！」

★ R211　　　　　　　　　　　　　　　　　　　　　振動　その7

Q 角速度 ω（rad/s、ラジアン毎秒）の円運動の周期 T は？

A $T = 2\pi/\omega$

周期は1周するのにかかる時間です。1周360°は、2π ラジアンです。毎秒 ω ラジアン回転するので、2π ラジアン回転するには $2\pi/\omega$ 秒かかります。ですから、

　　周期 $T = 2\pi/\omega$ 秒

となります。$\omega = \pi \,(\mathrm{rad/s})$ の場合、

　　周期 $T = 2\pi/\pi = 2$ 秒

です。$\omega = \pi/4 \,(\mathrm{rad/s})$ の場合、

　　周期 $T = 2\pi/(\pi/4) = 8$ 秒

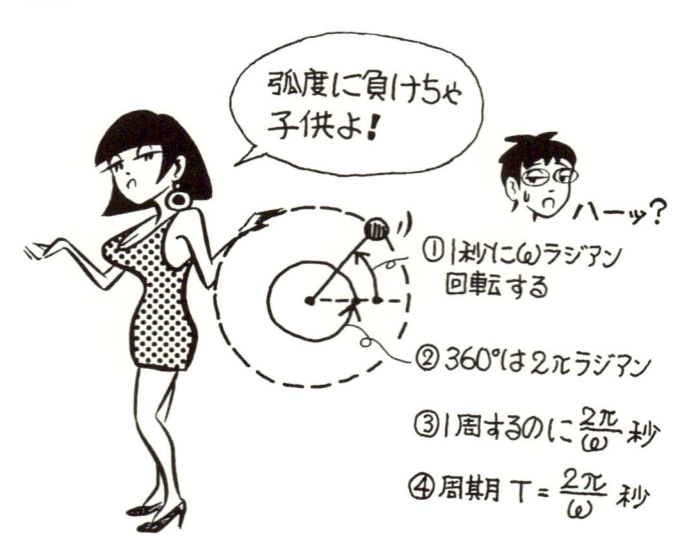

です。

「弧度に負けちゃ子供よ！」

ハーッ？

① 1秒に ω ラジアン回転する

② 360°は 2π ラジアン

③ 1周するのに $\dfrac{2\pi}{\omega}$ 秒

④ 周期 $T = \dfrac{2\pi}{\omega}$ 秒

R212

振動 その8

Q 角速度 ω (rad/s) で円運動する物体が、0秒のとき x 軸にあったとすると、t秒後の x 軸との角度は？

A ωt rad

1秒間に ω ラジアン回るので、t秒では ωt ラジアン回ることになります。円運動を考える場合、x 軸から反時計回りに回転させるのが普通です。

「1秒で ω ラジアン
t秒だと ωt ラジアン」

★ **R213** 振動 その9

Q 半径 r、角速度 ω の円運動する物体を、y 軸に正射影した単振動を考えます。x 軸から反時計回りに動きはじめたとして、t 秒後の物体の正射影の高さ y は？

A $y = r \sin \omega t$

t秒後の角度は ωt です。そのときの半径 r と高さ y の関係を図にすると、直角三角形になります。$\sin \omega t$ は r 分の y なので、y は $r \sin \omega t$ となります。

$\sin \omega t = y/r$ から、$y = r \sin \omega t$

物体の正射影の位置は、原点から $r \sin \omega t$ ということです。
サイン、コサインを忘れてしまった人は、もう一度覚えなおしましょう。
単に、直角三角形の比を表しただけの記号です。

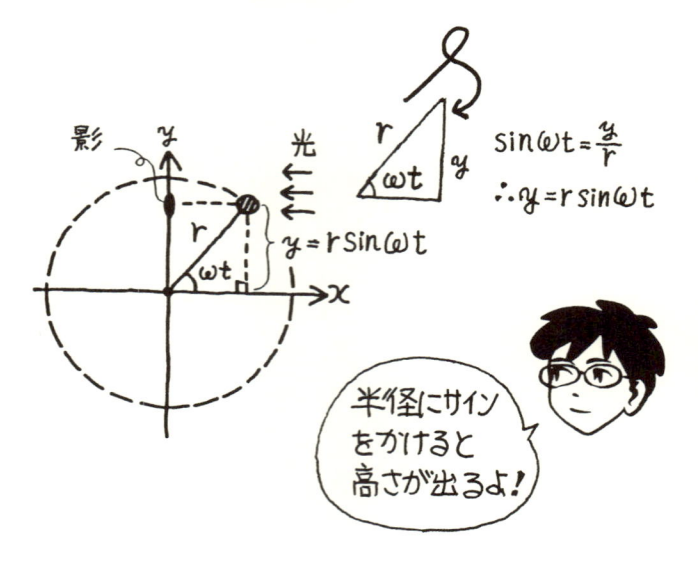

半径にサインをかけると高さが出るよ！

★ R214 振動 その10

Q 変位（位置）を表す式から、速度の式、加速度の式を出すには？

A 変位の式を時間tで微分すると、速度の式になります。さらに速度の式を時間tで微分すると、加速度の式になります。

  変位の式→速度の式→加速度の式

速度は、変位（位置）の変化率です。時間当たりどれくらい位置が動くかが、速度です。ですから、変位の式の傾きを求めれば速度となります。変化率を求める、傾きを求めるには微分すればいいわけです。

加速度は、速度の変化率です。時間当たりどれくらい速度が増減するかが、加速度です。ですから、速度の式の傾きを求めれば加速度となります。速度の式を微分すればいいわけです。

速度はv、加速度はaを、記号として一般に使います。この式の関係をまとめると、下図のようになります。fにダッシュが付いているのは、関数fを微分しているという意味です。ダッシュが2つある場合は、2回微分することを示しています。

（微分すると変化率が出るんだ！）

変位の式 $y = f(t)$
  ⇩ 微分
速度の式 $v = f'(t)$ … 変位の変化率
  ⇩ 微分
加速度の式 $a = f''(t)$ … 速度の変化率

★ **R215**　　　　　　　　　　　　　　　　振動　その11

Q 単振動の変位の式、$y = r\sin\omega t$ から、速度 v と加速度 a の式を求めると？

A $v = r\omega\cos\omega t$
$a = -\omega^2 y$

速度 v の式は、変位 y の式を t について微分すれば求められます。サインを微分すると、コサインとなります。t には ω がかけられているので、それが前に出てきます。

$$v = y' = (r\sin\omega t)' = r\omega\cos\omega t$$

加速度 a の式は、速度 v の式を t について微分すれば求められます。コサインを微分すると、マイナスサインとなります。

$$a = v' = (r\omega\cos\omega t)' = -r\omega^2\sin\omega t = -\omega^2(r\sin\omega t)$$
$$= -\omega^2 y$$

加速度にマイナスが付いています。y が正のときは、加速度は下向き、y が負のときは、加速度は上向きということです。
単振動では、原点を通るときが一番速度が速く、上に行くほど遅くなり、ある点で停止します。そして、逆の方向に動き出します。つまり、動く方向と逆向きに加速度が働いているということ、逆向きに力が働いているということです。

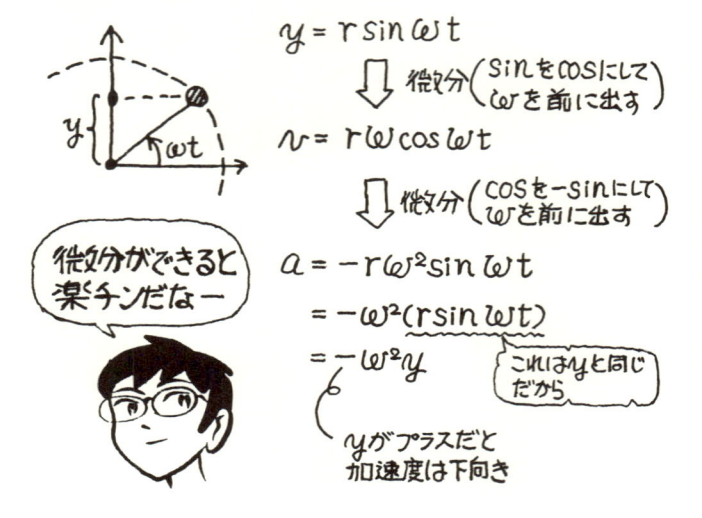

$y = r\sin\omega t$

⬇ 微分（sin を cos にして ω を前に出す）

$v = r\omega\cos\omega t$

⬇ 微分（cos を $-\sin$ にして ω を前に出す）

（微分ができると楽チンだなー）

$a = -r\omega^2\sin\omega t$
$= -\omega^2(r\sin\omega t)$
$= -\omega^2 y$　（これは y と同じだから）

y がプラスだと加速度は下向き

R216

振動 その12

Q 角速度 ω、半径 r で円運動している物体の速さ v は？

A $v = r\omega$

角速度 ω とは、1秒間に ω ラジアン回転するということです。また、半径 r なので、1秒間に動く弧の長さを角速度 ω から求めれば、速さが出ます。角速度は、弧度（弧の長さ/半径）で表すのが普通です。よって、以下のような式で表せます。

　　角速度 ω = 1秒間に回転する角度
　　　　　　= 1秒間に動く弧の長さ v/半径 r

以上から、1秒間に動く弧の長さ $v = r\omega$ が求められます。物体は、1秒間に $r\omega$ の弧を描いて動くことになります。ということは、それが速さとなります。

　　速さ $v = r\omega$

速さ v の方向は、**円の接線方向**です。速さ v の方向は絶えず変化することになります。

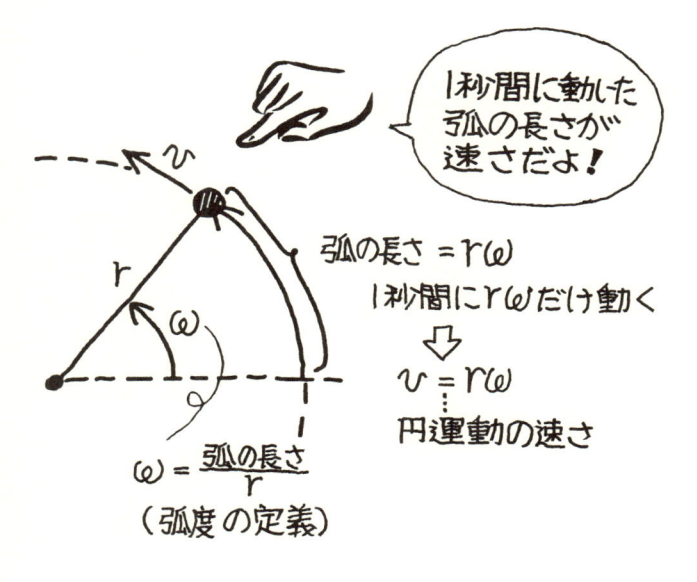

「1秒間に動いた弧の長さが速さだよ！」

弧の長さ = $r\omega$
1秒間に $r\omega$ だけ動く
⇩
$v = r\omega$
円運動の速さ

$\omega = \dfrac{\text{弧の長さ}}{r}$
（弧度の定義）

★ **R217** 振動 その13

Q 角速度 ω、半径 r で等速円運動している物体の、y 軸への正射影の単振動を考えます。x 軸を通るときを $t = 0$ 秒とした場合、t 秒後の単振動の速度の式は？

A $r\omega \cos \omega t$

円運動している物体の速度 v の方向は接線方向です。速さの y 軸成分を求めるには、下図から $\cos \omega t$ をかければよいとわかります。また、円運動の速度 v は $r\omega$ ですから、

　　単振動の速度 $= v \cos \omega t = r\omega \cos \omega t$

となります。これは単振動の変位（位置）の式、$y = r \sin \omega t$ を t について微分したのと同じ結果となっています。
微分ができれば、面倒な図形を考えなくてもすみます。つるかめ算よりも連立方程式の方が楽なのと一緒で、数学を使うと、いろいろと楽になります。単振動の加速度を図形的に求めるには、さらに複雑な図形で考えなければなりません。これこそ微分で一発です。

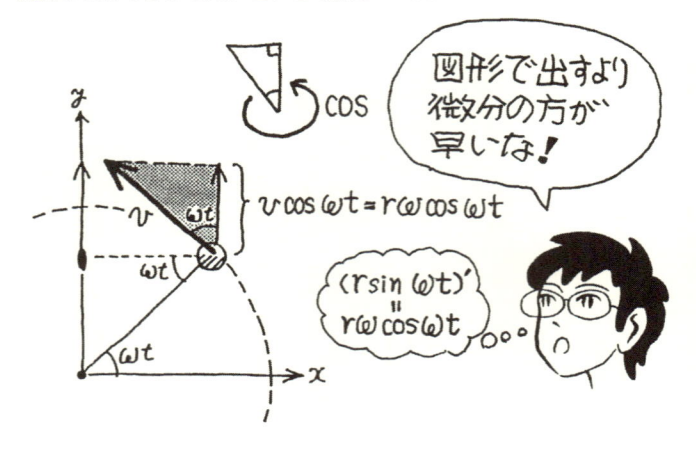

★ R218 振動 その14

Q 質量 m の物体を吊したバネが振動しています。中心から y の高さにあるときに受ける力 F は、$F = -ky$ と表せます。この物体の加速度 a は？

A $a = -(k/m)y$

運動方程式（$ma = F$）を組み立てます。

$ma = -ky$

この式から加速度 a は、

$a = -(k/m)y$

となります。マイナスが付いているのは、原点より上では下向き、原点より下では上向きに加速度が働いているという意味です。

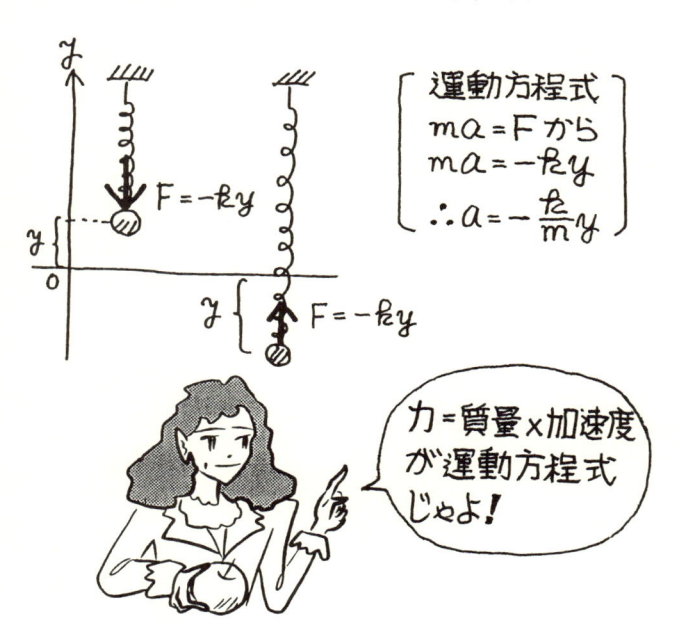

[運動方程式
$ma = F$ から
$ma = -ky$
∴ $a = -\frac{k}{m}y$]

力 = 質量 × 加速度 が運動方程式じゃよ！

★ R219　振動　その15

Q バネに吊された物体の加速度は、$a = -(k/m)y$ でした。また、角速度 ω で等速円運動する物体の正射影の加速度は、$a = -\omega^2 y$ でした。この2つの式から、バネに吊された物体の運動を円運動に直した場合の角速度 ω は？

A $\omega = \sqrt{k/m}$

$a = -(k/m)y$ と $a = -\omega^2 y$ から、

$$k/m = \omega^2$$

よって、$\omega = \sqrt{k/m}$ となります。単振動と円運動は、相互につながっています。単振動を円運動にしたり、円運動を単振動にしたりして、考えることができます。ここでは、バネの単振動を円運動に直して、角速度 ω を求めています。

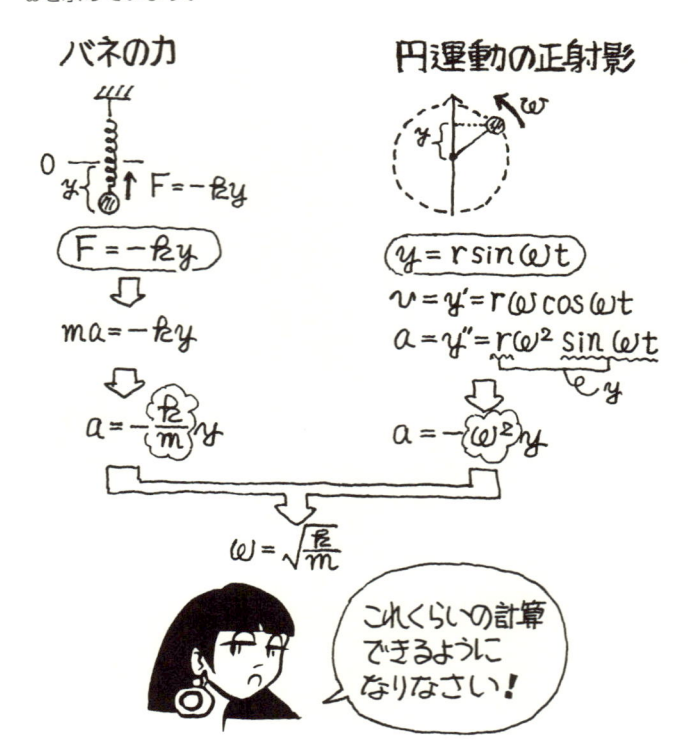

バネの力

$F = -ky$

$F = -ky$

⇓

$ma = -ky$

⇓

$a = -\dfrac{k}{m}y$

円運動の正射影

$y = r\sin\omega t$

$v = y' = r\omega\cos\omega t$

$a = y'' = \underline{-r\omega^2 \sin\omega t}_{y}$

⇓

$a = -\omega^2 y$

⇓

$$\omega = \sqrt{\dfrac{k}{m}}$$

これくらいの計算できるようになりなさい！

★ R220 振動 その16

Q バネの振動を円運動に直すと、その角速度 $\omega = \sqrt{k/m}$ となりました。この場合の周期 T は？

A $T = 2\pi\sqrt{m/k}$

角速度 ω とは、1秒間に ω (rad) 回転するという意味です。1回転は $360°$、2π ラジアンですから、1回転するには、

$$2\pi/\omega = 2\pi/(\sqrt{k/m}) = 2\pi\sqrt{m/k} \text{ 秒}$$

かかります。これが周期 T です。

$$T = 2\pi\sqrt{m/k} \text{ (s)}$$

角速度 $\omega = \sqrt{\frac{k}{m}}$ (rad/s)

1秒間に $\omega = \sqrt{\frac{k}{m}}$ (rad) 回転する

1回転は 2π (rad)

1周するのに $\frac{2\pi}{\omega} = \frac{2\pi}{\sqrt{\frac{k}{m}}} = 2\pi\sqrt{\frac{m}{k}}$ 秒かかる

周期 $T = \frac{2\pi}{\omega} = 2\pi\sqrt{\frac{m}{k}}$ (s)

> 1周が 2π だから 1周するのに $\frac{2\pi}{\omega}$ 秒 かかるのよ！

★ R221　　　　　　　　　　　　　　　　　振動　その17

Q バネ定数k、質量mのバネを振動させた場合、周期Tは？

A $T = 2\pi\sqrt{m/k}$

周期の式は、覚えておいた方がいいでしょう。

[スーパー記憶術]
<u>定期</u>的に<u>パイ</u>を<u>かむ</u>
　周期　　　 2π　　 k分のm

R222 グラフ その1

Q 1　$y = 2x$ の x を2倍すると y は？
　2　$y = -1/2x$ の x を2倍すると y は？

A 1　$x = 1$ のとき $y = 2$、$x = 2$ のとき $y = 4$ となるので、x を2倍すると y も2倍になります。
　2　$x = 1$ のとき $y = -1/2$、$x = 2$ のとき $y = -1$ となるので、x を2倍すると y も2倍になります。

一般に、$y = mx$（m：0でない定数）のとき、x を2倍すると y も2倍、x を3倍すると y も3倍になります。このような関係を**比例**、または**正比例**と呼びます。

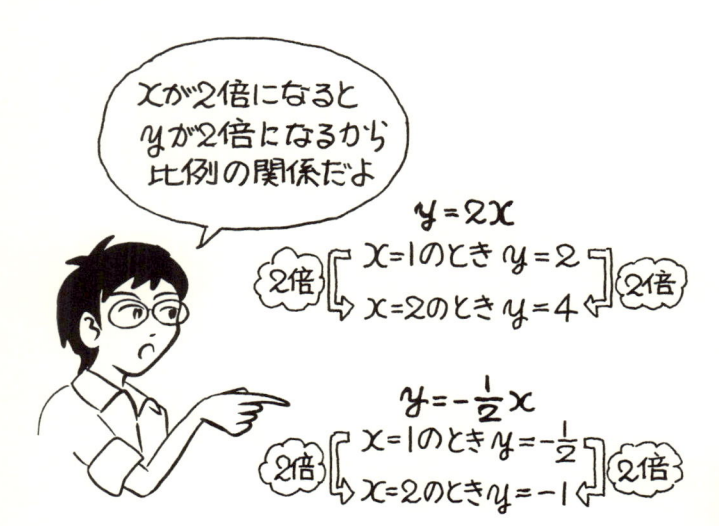

（吹き出し：xが2倍になるとyが2倍になるから比例の関係だよ）

$y = 2x$
2倍　$x = 1$ のとき $y = 2$　2倍
　　　$x = 2$ のとき $y = 4$

$y = -\dfrac{1}{2}x$
2倍　$x = 1$ のとき $y = -\dfrac{1}{2}$　2倍
　　　$x = 2$ のとき $y = -1$

★ R223　　　　　　　　　　　　　　　　　　グラフ　その２

Q $y = 2/x$ の x を2倍すると y は？

A $x = 1$ のとき $y = 2$、$x = 2$ のとき $y = 1$ となるので、x を2倍すると y は 1/2倍になります。

一般に、$y = m/x$（m：0でない定数）のとき、x を2倍すると y は1/2倍、x を3倍すると y は1/3倍になります。このような関係を**反比例**と呼びます。

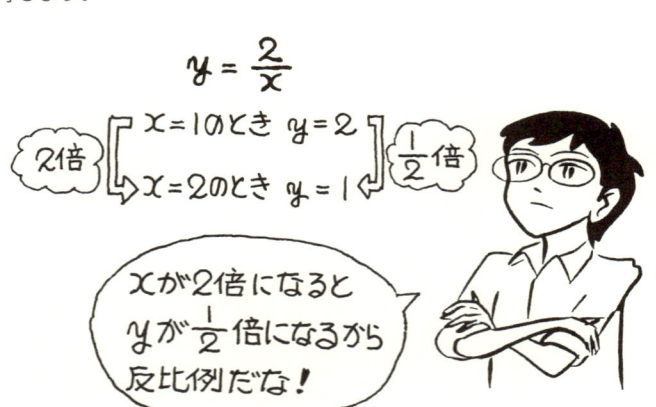

$$y = \frac{2}{x}$$

2倍 [$x = 1$ のとき $y = 2$ / $x = 2$ のとき $y = 1$] $\frac{1}{2}$倍

xが2倍になると
yが1/2倍になるから
反比例だな！

★ R224　　　　　　　　　　　　　グラフ　その3

Q $y = 2x$ のグラフは？

A $x = 0$ のとき $y = 0$、$x = 1$ のとき $y = 2$ ですから、原点 $(0,0)$ と $(1,2)$ を通る直線です。

常に x の2倍が y と、一定の割合で変化していきます。ですから、直線になります。
このように比例のグラフは、必ず原点を通る直線になります。

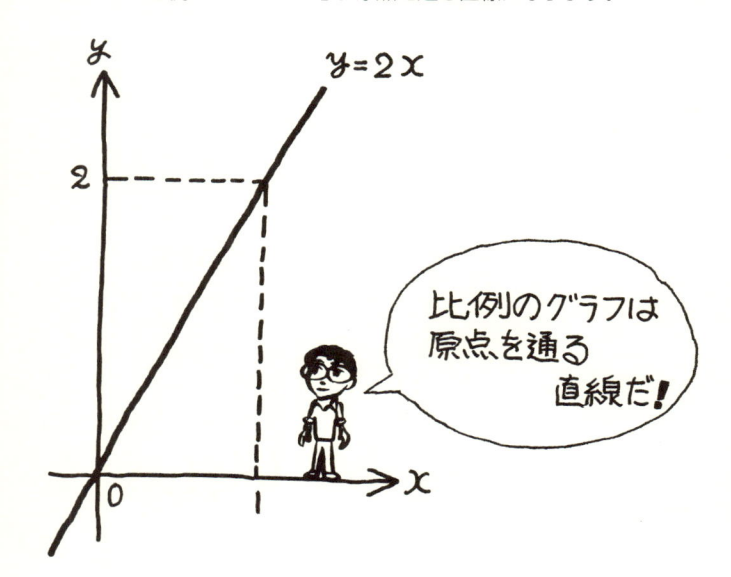

比例のグラフは原点を通る直線だ！

グラフ その4

Q $y = 2/x$ のグラフは？

A 双曲線になります。

■ $x = 1/2$ のとき $y = 4$、$x = 1$ のとき $y = 2$、$x = 2$ のとき $y = 1$、$x = 4$ のとき $y = 1/2$
$x = -1/2$ のとき $y = -4$、$x = -1$ のとき $y = -2$、$x = -2$ のとき $y = -1$、$x = -4$ のとき $y = -1/2$

以上の点をとってグラフにすると、下図のようにプラス側とマイナス側に分かれた、2つの曲線となります。このグラフは**双曲線**と呼ばれるものです。
反比例の関係、$y = m/x$（**m：0** でない定数）のグラフは、すべて双曲線になります。

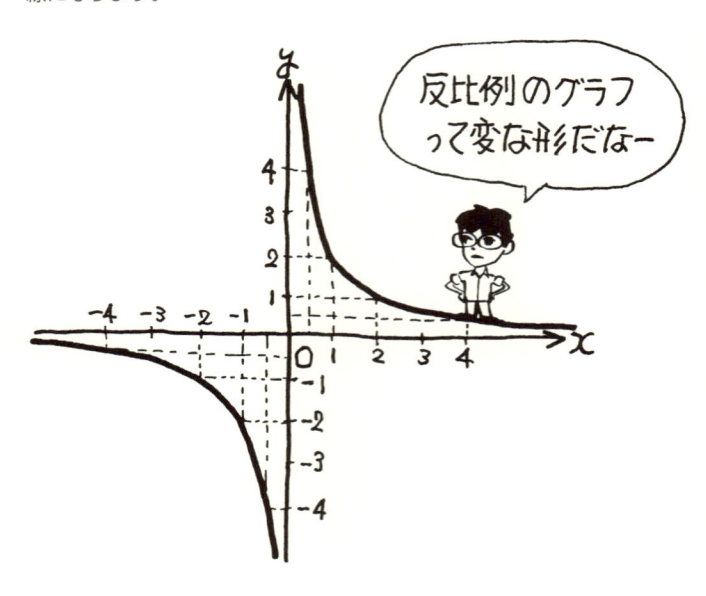

「反比例のグラフって変な形だなー」

★ R226　　グラフ　その5

Q xとyが、$y = 2x + 1$の関係の場合、その関係は比例？

A $x = 1$のとき$y = 3$、$x = 2$のとき$y = 5$となります。xが2倍になってもyは2倍にならないので、比例ではありません。

一般に、$y = mx + n$（m，n：0でない定数）の場合、比例にはなりません。比例になるのは、n = 0の場合のみです。

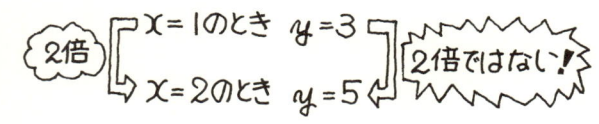

$$y = 2x + 1$$

2倍　$x = 1$のとき　$y = 3$
　　 $x = 2$のとき　$y = 5$　2倍ではない！

xが2倍でもyが2倍じゃないから比例じゃないよ！

R227 グラフ その6

Q $y = 2x + 1$ のグラフは？

A $x = 0$ のとき $y = 1$、$x = 1$ のとき $y = 3$ なので、(0,1) と (1,3) を通る下図のような直線です。

(0,1) は、y 軸上ですから、直線と y 軸との交点となります。y 切片ともいいます。
このグラフは、$y = 2x$ のグラフを、1 だけ上に持ち上げた形をしています。$y = 2x + 1$ という式で、+1 がその役目を担っています。

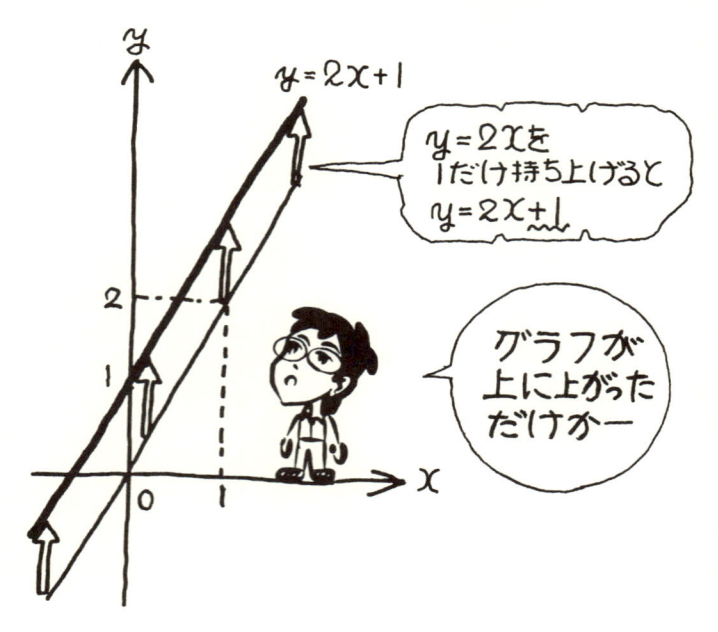

$y = 2x$ を1だけ持ち上げると $y = 2x + 1$

グラフが上に上がっただけかー

★ R228　　　　　　　　　　　　　　　　　　　　グラフ　その7

Q $y = 2x$ のグラフの傾きは？　その意味は？

A 傾きは2です。x方向に1行くと、y方向に2上がるということです。

一般に、**傾き＝yの変化量/xの変化量**で表されます。
変化量は、Δ（デルタ）という記号をよく使います。xの変化量はΔx です。この記号を使うと、傾きは、

　　傾き＝$\Delta y / \Delta x$

となります。

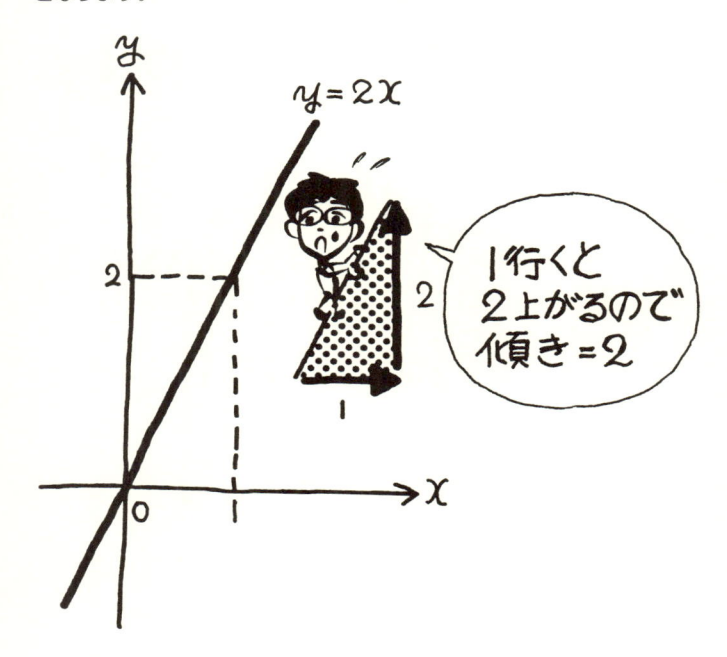

（1行くと2上がるので傾き=2）

★ R229　　　　　　　　　　　　　　　　グラフ　その8

Q 直線の傾きを、x軸と成す角 θ で表すと？

A 傾き $= \Delta y / \Delta x = \tan\theta$

傾きは、yの変化量$/x$の変化量$=\Delta y/\Delta x$です。下図で見るように、これは $\tan\theta$ と一緒です。タンジェントは、傾き具合を考える際に有効な道具となります。

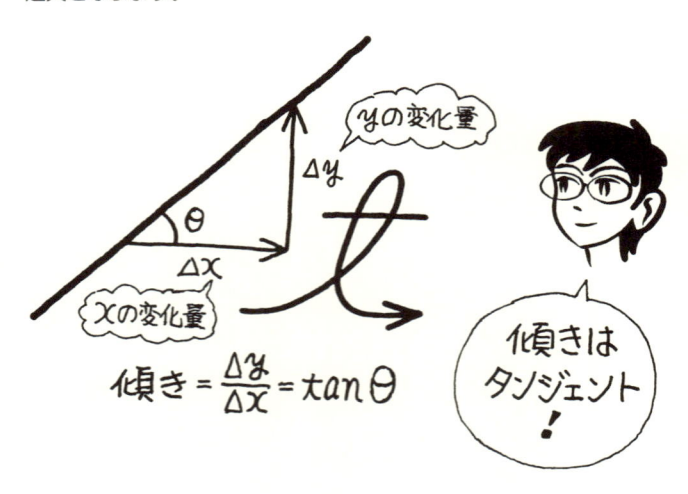

$$傾き = \frac{\Delta y}{\Delta x} = \tan\theta$$

傾きはタンジェント！

★ R230　グラフ　その9

Q $y=-x+1$ のグラフは？

A 下図のように、(0,1) と (1,0) を通る傾き−1の直線です。

傾きマイナス1とは、x が1行くと、y が1下がるということです。
マイナスの傾きは、必ず右肩下がりになります。

　　プラスの傾き→右肩上がり
　　マイナスの傾き→右肩下がり

これは、しっかりと覚えておきましょう。

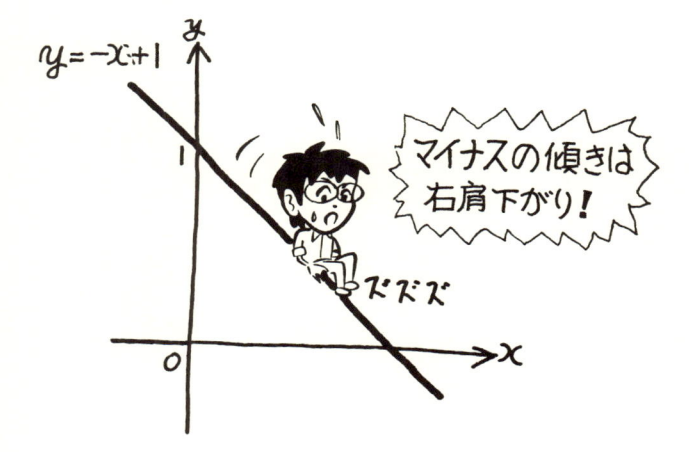

★ R231 グラフ その10

Q $y = 1$ のグラフは？

A 下図のように、(0,1) を通る水平の直線です。

$y = 1$ とは、x がどんな数でも y が1ということで、どこの地点でも、高さが1ということです。よって、高さが1の水平な直線となります。
$y = 1$ は、$y = 0 \times x + 1$ とも考えられます。傾きが0ということです。
傾き＝0とは、水平ということです。これは覚えておきましょう。

　　傾き＞0 → 右肩上がり
　　傾き＝0 → 水平
　　傾き＜0 → 右肩下がり

★ R232 グラフ その11

Q 1 右肩上がり（増加）の直線グラフの傾きは？
2 水平の直線グラフの傾きは？
3 右肩下がり（減少）の直線グラフの傾きは？

A 1 傾き>0
2 傾き=0
3 傾き<0

微分で傾きの正負がよく出てくるので、しっかりと覚えておきましょう。

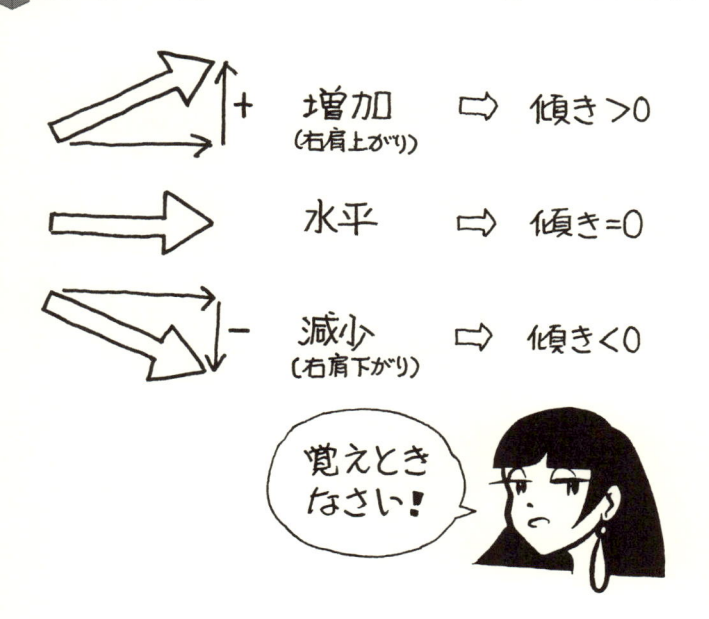

増加（右肩上がり） ⇨ 傾き>0

水平 ⇨ 傾き=0

減少（右肩下がり） ⇨ 傾き<0

覚えときなさい！

R233　グラフ　その12

Q $y = 2x + 1$ を x について微分すると？

A $y' = 2$

微分すると、傾きが出ます。傾きは2です。そして、y を微分したという記号としてダッシュを付けて、y' とします。よって、

$y' = 2$

となります。微分すると傾きが出ると、しっかりと覚えておきましょう。

$y = 2x + 1$
⇩ 微分
$y' = 2$

微分すると傾きが出るのよ！

グラフ その13

Q $y = 2$ を微分すると？

A $y' = 0$

$y = 2$ のグラフは、高さが2の位置で水平な直線なので、傾きは0です。よって、

$$y' = 0$$

となります。
傾きは x の前に付いている数字ですが、この場合は0が付いているので、$y = 0x + 2$ となり、x が式に出てこないと考えるといいでしょう。

微分 $\begin{cases} y = 2 \\ \downarrow \\ y' = 0 \end{cases}$

傾き=0

水平の傾きはゼロよ！

R235
グラフ　その14

Q 1　$y = -x + 1$ を微分すると？
2　$y = 1/2\,x - 5$ を微分すると？
3　$y = 3$ を微分すると？

A 1　$y' = -1$
2　$y' = 1/2$
3　$y' = 0$

微分するとは、それぞれの直線の傾きを求めるということです。xの前に付いている数字が傾きです。Q3は水平な直線なので、傾きは0です。この場合も前問と同様に、xの前に0が付いているので、$y = 0x + 3$となり、式からxが消えていると考えます。

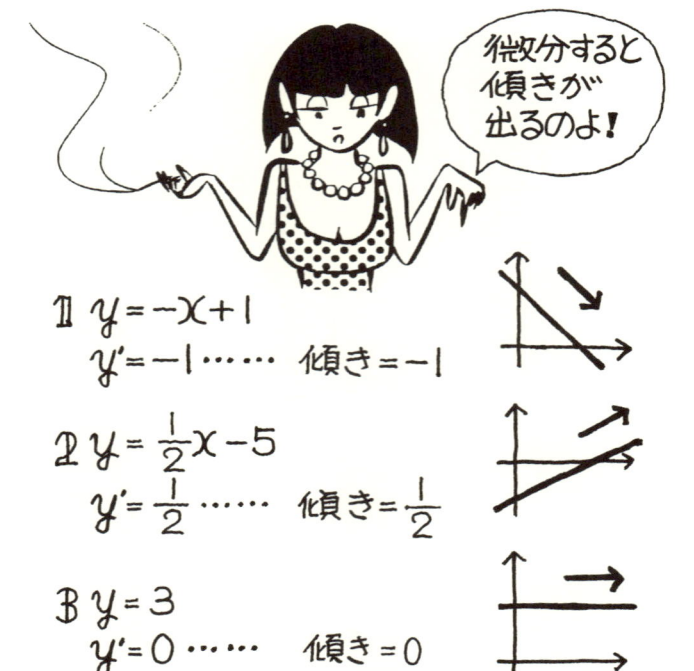

微分すると傾きが出るのよ！

1　$y = -x + 1$
　　$y' = -1$ …… 傾き$= -1$

2　$y = \dfrac{1}{2}x - 5$
　　$y' = \dfrac{1}{2}$ …… 傾き$= \dfrac{1}{2}$

3　$y = 3$
　　$y' = 0$ …… 傾き$= 0$
　　　　　　　　（水平）

グラフ その15

Q $y = x^2$ のグラフは？

A $x = 0$ のとき $y = 0$、$x = 1, -1$ のとき $y = 1$、$x = 2, -2$ のとき $y = 4$、$x = 3, -3$ のとき $y = 9$ ですから、下図のような y 軸に対称な曲線となります。

マイナスも2乗するとプラスになりますから、x がマイナス1でもプラス1でも、同じ y の値になります。ということは、y 軸の左と右で同じ高さの左右対称のグラフになります。この曲線は**放物線**と呼ばれます。一般に、$y = ax^2 + bx + c$（a,b,cは定数、aは0でない）という x の二次式のグラフは、放物線となります。物を放ったときに描く曲線が、この曲線であることから、放物線と名づけられました。

（以下、興味のある方のみ）
物を放ったときの上向きの速度を v_1、水平方向の速度を v_2 とします。v_1 は、毎秒重力加速度 g ずつ速度が減ります。一方、水平方向の速度は一定で v_2 のままです。よって t 秒後の速度は、

v（垂直方向）$= v_1 - gt$
v（水平方向）$= v_2$

となります。速度を、時間 t で積分すると変位となります。

$y = v_1 t - 1/2 \cdot g t^2$
$x = v_2 t$

この x、y の式から t を取り除いて整理すると、

$y = -(g/(2 v_2^2)) x^2 + (v_1/v_2) x$

となって、x の二次式となります。

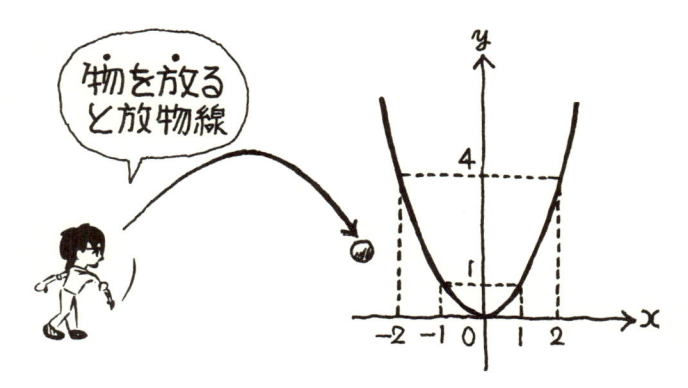

★ R237　　　　　　　　　　　　　　　グラフ　その16

Q $y=x^2$ の傾きは、一定？　変化する？
▼
A 傾きは、位置によって常に変化します。

曲線上では、傾きといっても、直線ではないので曖昧です。正確には、**接線の傾き**のことです。
接線の傾きは、曲線では常に変化します。その接線の傾きを求めるには、やはり微分すればいいのです。x の位置によって傾きが変化するので、傾きは x を含む式（x の関数）になります。
接線の傾きを表す式を、**導関数**と呼びます。導関数を求めることを微分するというのです。

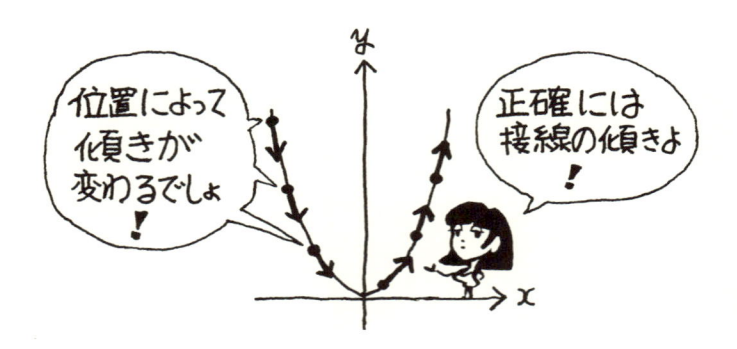

（位置によって傾きが変わるでしょ！）

（正確には接線の傾きよ！）

★ R238　　　　　　　　　　　　　　グラフ　その17

Q $y = x^2$ を微分すると？

A $y' = 2x$

微分する場合、x^2 の2乗の2を前に出し、1つ次数を減らして1乗とします。そうすると、$y' = 2x$ となります。この微分のやり方は、覚えておくと便利です。
微分して求められたのは、導関数です。導関数とは、**傾きの式**です。x の地点での接線の傾きを表しています。

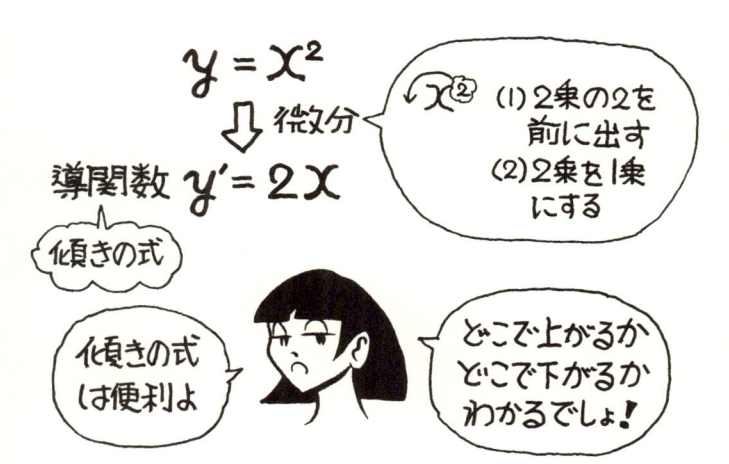

$y = x^2$
⇩ 微分
導関数 $y' = 2x$

傾きの式

$x^{②}$
(1) 2乗の2を前に出す
(2) 2乗を1乗にする

傾きの式は便利よ

どこで上がるかどこで下がるかわかるでしょ！

グラフ その18

Q 導関数の表記には、y' のほかに何がある？

A dy/dx、$f'(x)$ などを使います。

微小変化 d を使った dy/dx、関数の記号 $f(x)$ を使った $f'(x)$ などがあります。
傾きは、y の変化量 Δy を、x の変化量 Δx で割った $\Delta y/\Delta x$ で表せます。

  傾き＝$\Delta y/\Delta x$

曲線の場合は、傾きといっても、ある点における瞬間の傾きでしかありません。正確には、曲線のある点での接線の傾きとなります。その瞬間の傾きを表す式が、導関数です。導関数を求めるのが微分です。
ある一瞬の傾きの場合、変化量 Δy、Δx は、限りなく小さくなければなりません。無限に小さい部分で測った場合、y の変化量 Δy は dy と書き、x の変化量 Δx は dx と書きます。

  $\Delta y \rightarrow dy$
  $\Delta x \rightarrow dx$

よって傾きは、

  $\Delta y/\Delta x \rightarrow dy/dx$

となります。dy/dx は、大雑把にいえば、**曲線のある点での傾き**ということになります。

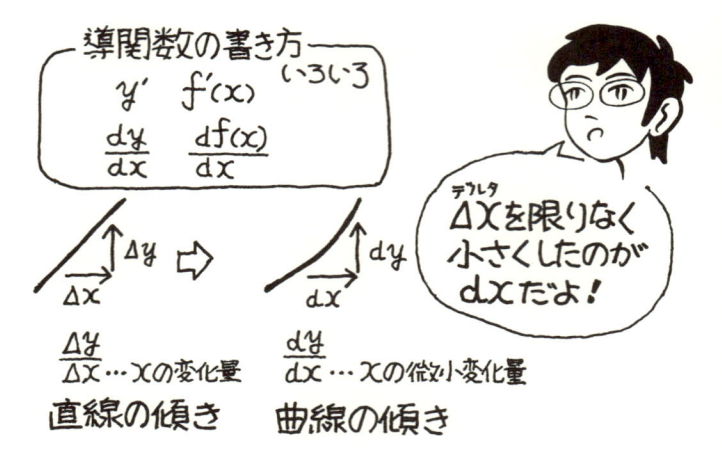

★ R240　　　　　　　　　　　　　　　グラフ　その19

Q yがxの式で表されるとき（yがxの関数であるとき）、どのような表記をする？

▼

A $y = f(x)$

xを2倍するとyになるとか、xを2乗して1を引くとyになるとか、xを決めるとyが決まる場合、xの操作の仕方、加工のやり方をx**の関数**といいます。出てきた結果がyの場合、yはxの関数と表現します。そして、$y = f(x)$ と書きます。fは function（関数、機能）の頭文字をとったものです。

関数は、数の工場のようなものです。$f(x) = x^2$の場合、2を放り込むと4を出す、3を放り込むと9を出す工場です。

関数を、数を加工するボックスと考えてもかまいません。ボックスの加工工程が、入れた数を2乗するとなっていた場合は、2を入れると4が出てきて、3を入れると9が出てきます。それを式で表すと、$f(x) = x^2$となります。2乗したものをyとするならば、$y = f(x) = x^2$となります。この$f(x)$を微分すると、$f(x)$の各点での傾きを表す導関数$f'(x)$となります。$f(x) = x^2$ならば、$f'(x) = 2x$となります。

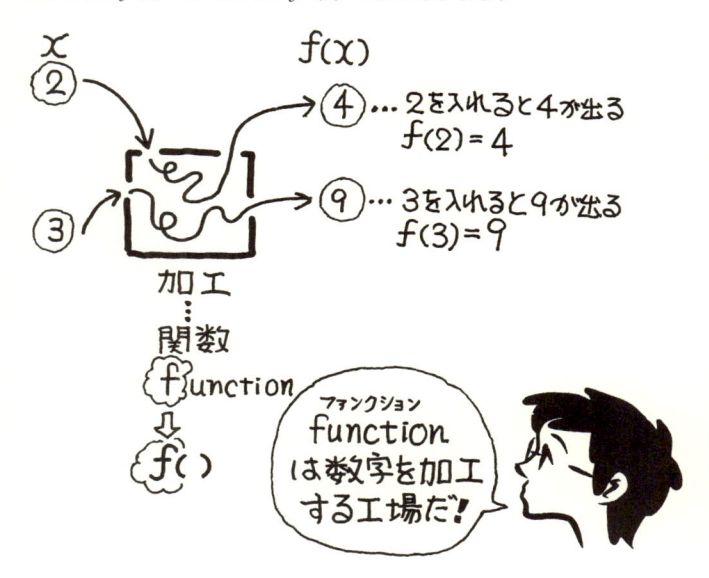

x
②
③

$f(x)$

④ … 2を入れると4が出る
　　$f(2) = 4$

⑨ … 3を入れると9が出る
　　$f(3) = 9$

加工
⋮
関数
function
⇩
$f(\ )$

functionは数字を加工する工場だ！

★ R241　グラフ　その20

Q $y = f(x) = x^2$ のグラフの、$x = -1$、$x = 0$、$x = 1$ のところでの接線の傾きは？

A $x = -1$ のとき、$f'(-1) = -2$
$x = 0$ のとき、$f'(0) = 0$
$x = 1$ のとき、$f'(1) = 2$

$y = f(x) = x^2$ を微分すると、$y' = f'(x) = 2x$ となります。
そして、それぞれの x の値での y' を求めると、それが各点における接線の傾きになります。このように、曲線は常に傾きが変化しています。各点での、その一瞬の傾きを表す式が導関数です。そして、その導関数を求めるための操作が微分なのです。

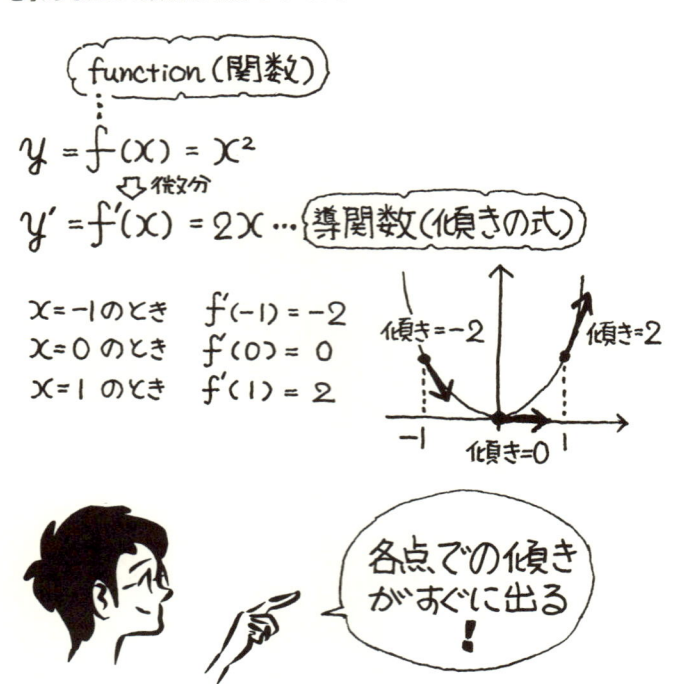

function（関数）

$$y = f(x) = x^2$$

微分

$$y' = f'(x) = 2x \cdots \text{導関数（傾きの式）}$$

$x = -1$ のとき　$f'(-1) = -2$
$x = 0$ のとき　$f'(0) = 0$
$x = 1$ のとき　$f'(1) = 2$

傾き = -2　　傾き = 2
傾き = 0

各点での傾きがすぐに出る！

★ R242　　グラフ その21

Q 1　$y = x^2 - 2x + 3$を微分すると？
　　2　$y = -2x^2 - 4x + 1$を微分すると？

A 1　$y' = 2x - 2$
　　2　$y' = -4x - 4$

$y =$ 定数は、高さ一定の直線で傾きはゼロなので、微分するとゼロになります。(定数)$' = 0$です。
$y = mx$は、傾きmの直線なので、微分するとmになります。
一般に、$(x^n)' = nx^{n-1}$となります。xのn乗の微分は、nxの($n-1$)乗です。何乗という部分を前に出して、1を減らした乗数とします。これは覚えておきましょう。
足し算された関数の微分は、それぞれを微分したものを足せば、全体の微分をしたことになります。Q1では、各々を微分した$2x$と-2と0を足して、全体を微分した結果は$y' = 2x - 2$となります。
この微分の計算は、ほかの計算と同様に、数をこなすと簡単にできるようになります。

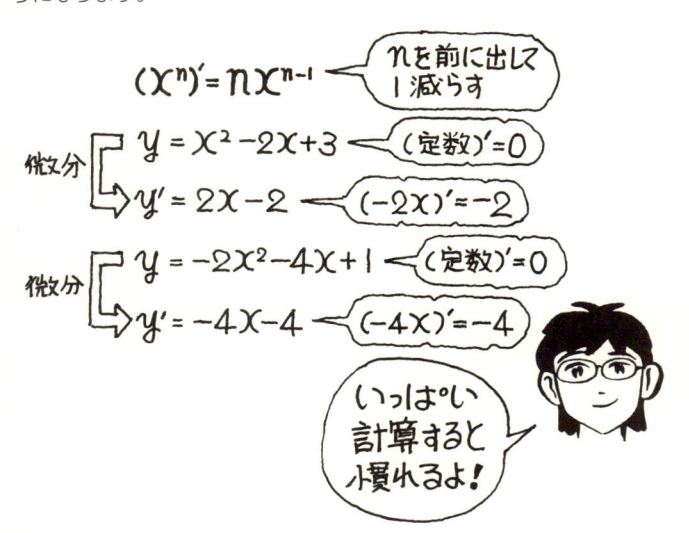

$(x^n)' = nx^{n-1}$ ← nを前に出して1減らす

微分 $\begin{cases} y = x^2 - 2x + 3 & \leftarrow (定数)' = 0 \\ y' = 2x - 2 & \leftarrow (-2x)' = -2 \end{cases}$

微分 $\begin{cases} y = -2x^2 - 4x + 1 & \leftarrow (定数)' = 0 \\ y' = -4x - 4 & \leftarrow (-4x)' = -4 \end{cases}$

いっぱい計算すると小慣れるよ！

グラフ その22

Q 放物線 $y = x^2 - 2x + 3$ の頂点を、微分を使って求めると？

A 頂点は (1,2) で、求め方は下記のとおりです。

微分を使って求めると、$y' = 2x - 2$ となります。
$y' = 0$ となる x を求めると、$0 = 2x - 2$ から $x = 1$ です。
$x = 1$ のとき、$y' = 0$、傾き $= 0$ となります。傾き $= 0$ とは、水平ということです。放物線で水平とは、そこで右肩下がりが右肩上がりに変化する、右肩上がりが右肩下がりに変化する点です。**山や谷の頂点**ということです。

$x > 1$ では $y' = 2x - 2 > 0$ で、右肩上がり
$x < 1$ では $y' = 2x - 2 < 0$ で、右肩下がり

$x = 1$ のとき、$y = x^2 - 2x + 3 = 1^2 - 2 \cdot 1 + 3 = 2$ ですから、(1,2) が頂点の座標となります。
曲線の場合、微分して傾きの式（導関数）を出し、それがゼロになるところを求めれば、山や谷の位置がわかります。

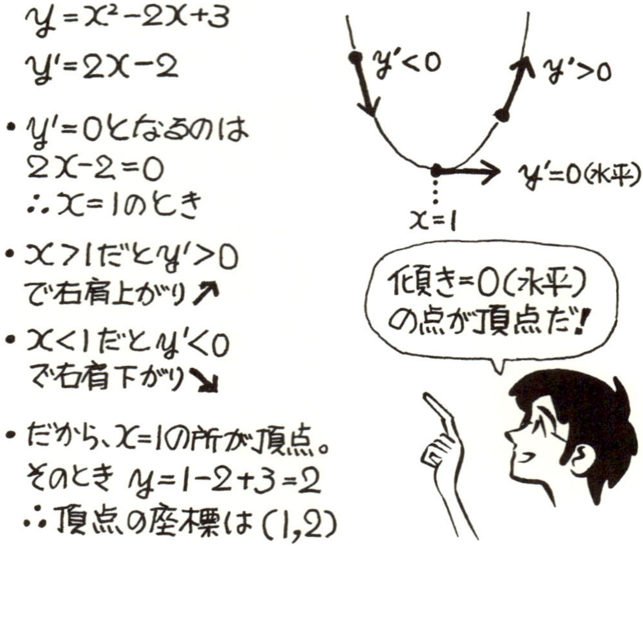

$y = x^2 - 2x + 3$

$y' = 2x - 2$

・$y' = 0$ となるのは
 $2x - 2 = 0$
 ∴ $x = 1$ のとき

・$x > 1$ だと $y' > 0$
 で右肩上がり ↗

・$x < 1$ だと $y' < 0$
 で右肩下がり ↘

・だから、$x = 1$ の所が頂点。
 そのとき $y = 1 - 2 + 3 = 2$
 ∴ 頂点の座標は (1,2)

傾き＝0（水平）の点が頂点だ！

R244 グラフ その23

Q $y = x^2 - 2x + 3$ の頂点の位置を、微分を使わずに求めると？

A 頂点は $(1, 2)$ で、求め方は下記のとおりです。

二次関数の頂点は、$(\ )^2$ の形に式を変形すれば求められます。

$$y = x^2 - 2x + 3 = (x^2 - 2x) + 3$$

この式で $(x^2 - 2x)$ の部分に注目すると、あと $+1$ があると $(x-1)^2$ となります。$+1$ をつくるために、-1 を後に付けて、つじつまを合わせます。

$$y = (x^2 - 2x + 1 - 1) + 3$$

あとに付けた -1 を、かっこの外に出して計算を進めると、

$$y = (x^2 - 2x + 1) - 1 + 3$$
$$= (x-1)^2 + 2$$

となります。$(x-1)$ は2乗されているので、マイナスになることはありません。常に0以上です。$(x-1)^2$ は $x=1$ のときに、0となって最小です。そのときに、y は最小で2となります。すなわち、頂点の位置は $(1, 2)$ です。ここが谷底となります。

$y = x^2 - 2x + 3$
$\quad = (x^2 - 2x + 1) - 1 + 3$
　　　　強引にこの形をつくる
$\quad = (x-1)^2 + 2$

- $x = 1$ で 0
  $x > 1$ でも $x < 1$ でも プラスの値
  ∴ $x = 1$ で y は最小

- $x = 1$ のとき $y = 1^2 - 2\cdot 1 + 3 = 2$
  ∴ 頂点は $(1, 2)$

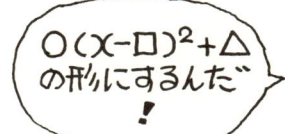

○$(x - \square)^2 + \triangle$ の形にするんだ！

グラフ その24

Q 1 $y = -2x^2 - 4x - 1$ のグラフの頂点を、微分を使って求めると？
2 $y = -2x^2 - 4x - 1$ のグラフの頂点を、式の変形で求めると？

▼

A 1 微分を使って求めると、

$$y' = -4x - 4 = -4(x+1)$$

$x = -1$ のときに $y' = 0$ で、傾きゼロとなって水平となります。よって、$x = -1$ が頂点で、そのときの y の値は、

$$y = -2 \cdot (-1)^2 - 4 \cdot (-1) - 1 = -2 + 4 - 1 = 1$$

となります。だから、頂点の座標は $(-1, 1)$ です。
2 式の変形で求めると、

$$\begin{aligned}y &= -2x^2 - 4x - 1 \\&= -2(x^2 + 2x) - 1 \\&= -2(x^2 + 2x + 1 - 1) - 1 \\&= -2(x^2 + 2x + 1) + 2 - 1 \\&= -2(x+1)^2 + 1\end{aligned}$$

$(x+1)^2$ は $x = -1$ のときに最小でゼロ。そのとき、$y = 1$。よって、頂点は $(-1, 1)$ となります。
A2の変形の仕方は**平方完成**といいます。複雑な平方完成は、計算するのが面倒で、微分を使った方が早い場合が多いです。

[微分]
$y = -2x^2 - 4x - 1$
$y' = -4x - 4$
$y' = 0$ とすると、$-4x - 4 = 0$ ∴ $x = -1$
$x = -1$ のとき、$y = -2 \cdot (-1)^2 - 4 \cdot (-1) - 1$
$= -2 + 4 - 1 = 1$
∴ 頂点は $(-1, 1)$

[平方完成]
$y = -2x^2 - 4x - 1$
$= -2(x^2 + 2x) - 1$
$= -2(x^2 + 2x + 1 - 1) - 1$
$= -2(x^2 + 2x + 1) + 2 - 1$
$= -2(x+1)^2 + 1$
$x = -1$ のとき、$(x+1)^2 = 0$、$y = 1$
∴ 頂点は $(-1, 1)$

微分の方が楽よ！

★ R246　グラフ　その25

Q $y = 1/3 x^3 - 3/2 x^2 + 2x$ のグラフの形は？

A 下図のようなS字形のグラフになります。

微分を使って求めると、

$$y' = x^2 - 3x + 2 = (x-1)(x-2)$$

$x = 1, 2$ のときに $y' = 0$ で、傾きゼロとなって水平になります。

　　$2 < x$ では $y' > 0$ で、傾きが正の右肩上がり
　　$1 < x < 2$ では $y' < 0$ で、傾きが負の右肩下がり
　　$x < 1$ では $y' > 0$ で、傾きが正の右肩上がり

下のような表にすると、y' の正負と増減がわかりやすくなります。
これをグラフにすると、S字形となります。三次関数のほとんどは、S字形をしています。

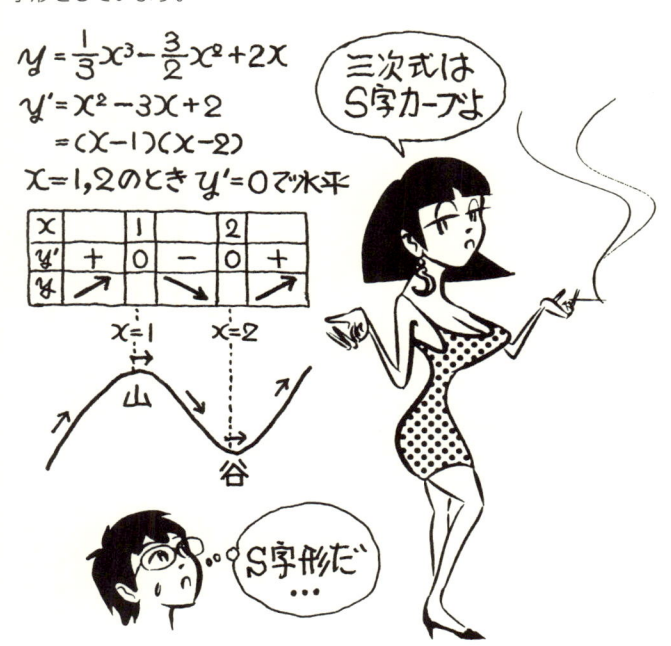

$y = \dfrac{1}{3}x^3 - \dfrac{3}{2}x^2 + 2x$

$y' = x^2 - 3x + 2 = (x-1)(x-2)$

$x = 1, 2$ のとき $y' = 0$ で水平

x		1		2	
y'	+	0	−	0	+
y	↗		↘		↗

三次式はS字カーブよ

S字形だ…

★ R247　グラフ　その26

Q $y = 1/4 x^4 - 1/2 x^2$ のグラフの形は？

A 下図のような W 字形のグラフになります。

微分を使って求めると、

$$y' = x^3 - x$$
$$= x(x^2 - 1)$$
$$= x(x+1)(x-1)$$

$x = -1, 0, 1$ のときに $y' = 0$ で、傾きゼロとなって水平になります。
下のような表にすると、y' の正負と増減がわかりやすくなります。
これをグラフにすると、W 字形になります。四次関数のほとんどは、W 字形をしています。

$y = \dfrac{1}{4} x^4 - \dfrac{1}{2} x^2$

$y' = x^3 - x$
　　$= x(x^2 - 1)$
　　$= x(x+1)(x-1)$

x		-1		0		1	
y'	$-$	0	$+$	0	$-$	0	$+$
y	↘		↗		↘		↗

四次式は
W字形が
多いのよ

W字形だ…

R248 グラフ その27

Q $y = \sin x$ を微分すると？

A $y' = \cos x$

サインを微分するとコサインです。これは覚えておきましょう。
サインカーブの各点の傾きは、その点の x のコサインです。サイン90°、サイン270°のときに、サインの微分の値であるコサイン90°、コサイン270°はゼロなので、グラフはその点で水平になります。よって、その点が山と谷になります。グラフは下図のような、有名なS字形のカーブです。

$y = \sin x$
$y' = \cos x$

x	0	$\frac{\pi}{2}$ (90°)		π (180°)		$\frac{3}{2}\pi$ (270°)		2π (360°)
y'	1	+	0	−	−1	−	0	+	1
y		↗		↘		↘		↗	

$(\sin x)' = \cos x$ は覚えておこう！

★ R249　　　　　　　　　　　　　　　　グラフ　その28

Q $y = \cos x$ を微分すると？

A $y' = -\sin x$

コサインの微分は、マイナスサインです。マイナスが付く点に注意してください。
$x = 0$ のときが $y' = 0$、$x = \pi$ までは $y' < 0$ となります。y 軸に近い位置では、傾きがマイナスで、右肩下がりのグラフとなります。
コサインのグラフは、下図のようになります。サインのグラフは原点からはじまりますが、コサインのグラフは1からはじまります。

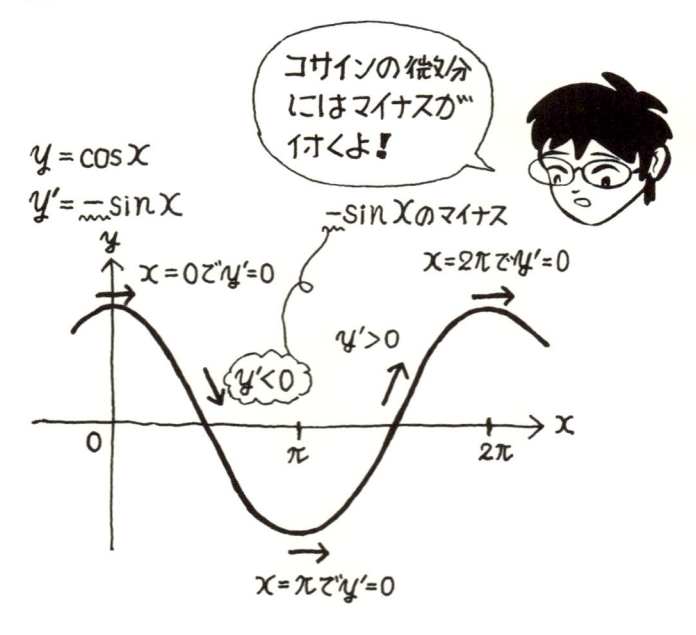

コサインの微分にはマイナスが付くよ！

$y = \cos x$
$y' = -\sin x$

$x = 0$ で $y' = 0$
$-\sin x$ のマイナス
$x = 2\pi$ で $y' = 0$
$y' < 0$
$y' > 0$
$x = \pi$ で $y' = 0$

★ R250 グラフ その29

Q $y = \tan x$ を微分すると？

A $y' = 1/\cos^2 x$

タンジェントの微分は、コサインの2乗分の1です。
2乗ですから、マイナスになることはありません。傾きは常にプラスで、右肩上がりのグラフとなります。
タンジェントは下図のような、右肩上がりのグラフとなります。

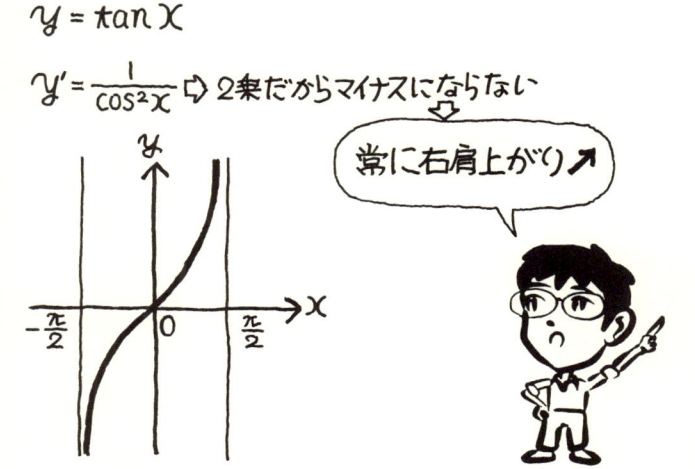

$$y = \tan x$$

$$y' = \frac{1}{\cos^2 x} \Rightarrow \text{2乗だからマイナスにならない}$$

常に右肩上がり ↗

★ /R251/　　　　　　　　　　　　　　　グラフ　その30

Q 1　高さy、幅Δxの長方形の面積は？
　　2　高さy、幅dxの長方形の面積は？
▼
A 1　長方形の面積＝高さ×幅＝$y \times \Delta x$
　　2　長方形の面積＝高さ×幅＝$y \times dx$

積分の基本は、長方形の面積です。xの変化量をΔxとして、Δxの幅で高さがyのとき、面積は$y \times \Delta x$です。
Δxはxの変化量ですが、dxはxの**微小変化量**です。極限に小さい幅を考えています。その場合でも、長方形の面積＝高さ×幅で、$y \times dx$となります。
この、高さ×幅＝$y \times dx$の形を、よく覚えておきましょう。

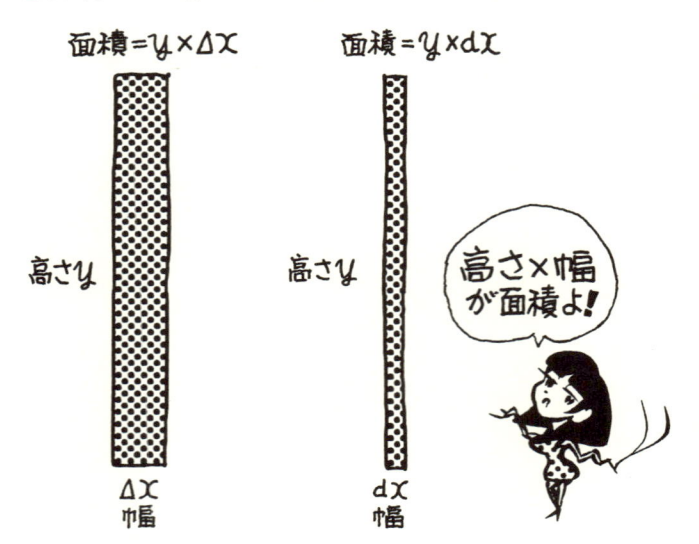

面積＝$y \times \Delta x$　　　面積＝$y \times dx$

高さy　　　　　　　　高さy

Δx　　　　　　　　dx
幅　　　　　　　　　　幅

高さ×幅が面積よ！

R252

グラフ その31

Q 1 高さ3・幅1の長方形、高さ4・幅1の長方形、高さ5・幅1の長方形の面積の合計は？

2 Q1のような長方形の面積の合計を、一般的な式で書くと？

A 1 面積＝(高さ×幅)の合計
   ＝$(3×1)+(4×1)+(5×1)=3+4+5=12$

2 面積＝$\Sigma(y \times \Delta x)$

高さはxの位置によって変わるので、変数yで表します。長方形の高さをy、横幅をΔxとすると、それぞれの長方形の面積は$y \times \Delta x$で求まります。

Σ（シグマ）は、総和（合計する）を表す記号です。$y \times \Delta x$を合計するので、$\Sigma(y \times \Delta x)$となります。

面積は高さ×幅の合計だ！

面積 $=(3×1)+(4×1)+(5×1)=12$

⇩ 一般化

面積 $= \Sigma(y \times \Delta x)$

（シグマ（合計））（高さ）（幅）

★ R253 グラフ その32

Q 前項の面積＝$\Sigma(y \times \Delta x)$ の横幅 Δx を、微小幅 dx に変えると？

A 面積＝$\int(y \times dx)$

Σ（シグマ）は、不連続なものの合計を表す記号です。限りなく小さい微小幅 dx にすると、y は連続的に変化します。その場合の合計は、シグマ（Σ）ではなくインテグラル（$\int$）を使います。

$\int$ は積分の記号です。このように積分とは、無数にスライスされた長方形の面積を合計した面積と考えることができます。

y は負になることもあるので、正確には符号付きの面積となります。

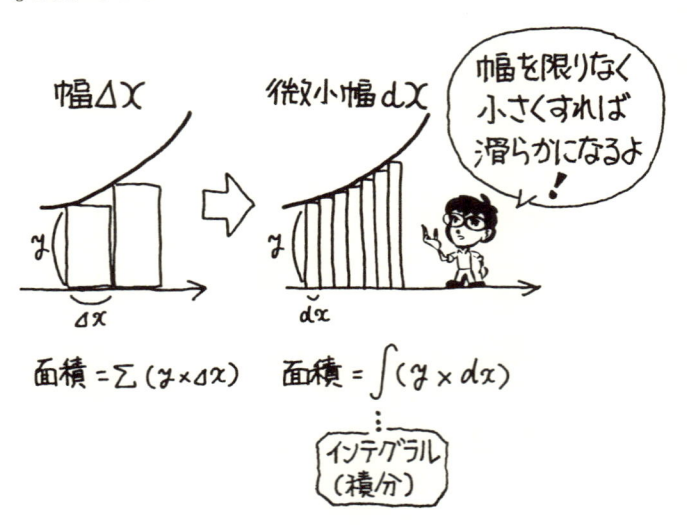

幅Δx

微小幅dx

幅を限りなく小さくすれば滑らかになるよ！

面積＝$\Sigma(y \times \Delta x)$　　面積＝$\int(y \times dx)$

インテグラル（積分）

R254 グラフ その33

Q 1 $y=-1$から$y=3$までの高さは?
2 $y=f(x)$のグラフが正の場合、x軸からの高さは?
3 $y=f(x)$のグラフが負の場合、x軸までの高さは?
4 $y=f(x)>y=g(x)$の場合、$g(x)$から$f(x)$までの高さは?

▼

A yの値を標高と考えると、わかりやすくなります。x軸は標高＝0の位置です。高さは、標高の差として計算すれば求められます。
1 高さ＝$3-(-1)=4$
2 高さ＝$f(x)-0=f(x)$
3 高さ＝$0-f(x)=-f(x)$
4 高さ＝$f(x)-g(x)$

積分は、高さ×幅を足し算するわけです。その際に、高さを最初に考えるので、標高差として高さを出す方法を覚えておくと便利です。

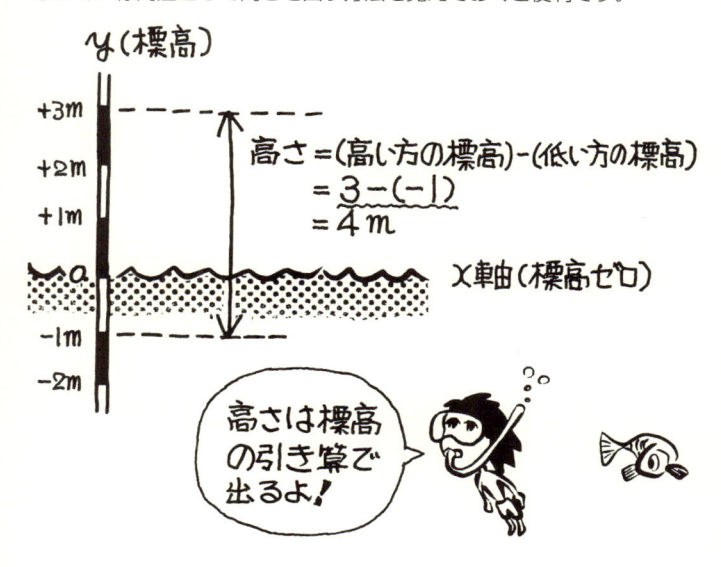

y(標高)

+3m
+2m
+1m

高さ＝(高い方の標高)－(低い方の標高)
　　＝$3-(-1)$
　　＝$4m$

x軸(標高ゼロ)

-1m
-2m

高さは標高の引き算で出るよ！

★ R255　グラフ　その34

Q xが2から3の間で、$y = f(x)$ のグラフとx軸が囲む面積を式にすると？　($f(x) > 0$)

A 面積 $= \int_{2}^{3} f(x) dx$

xの地点での高さは、$y = f(x)$ です。微小幅 dx の長方形の面積は、

　　長方形の面積＝高さ×幅＝$f(x) \times dx$

その長方形を、2から3の間で足し算する場合、上記のような積分の式にします。このように2〜3などの区間をはっきりと指定した積分を**定積分**、区間をはっきりとさせない積分を**不定積分**といいます。不定積分は、定積分の前段階です。

　定積分　→面積
　不定積分→定積分の前段階

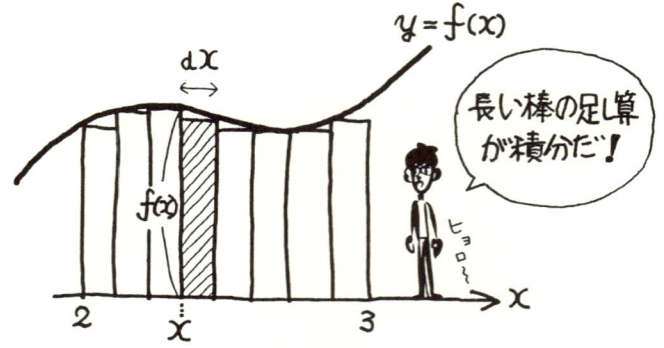

長い棒の足し算が積分だ！

2から3までの面積 = $(f(x) \times dx)$ を2から3まで足す
$= \int_{2}^{3} f(x) dx$

2〜3までを足すという意味

Q $\int (2x)\,dx = ?$

A $x^2 + C$ （Cは定数）

積分の計算は、微分のちょうど逆です。積分の公式は覚えていなくても、微分すれば元に戻るような式をつくればいいのです。

x^2の微分は$2x$、定数の微分はゼロです。ですから、微分して$2x$になるような式は、$x^2 + C$となるわけです。

積分が終わったら、必ず微分して元に戻ることを確認しましょう。

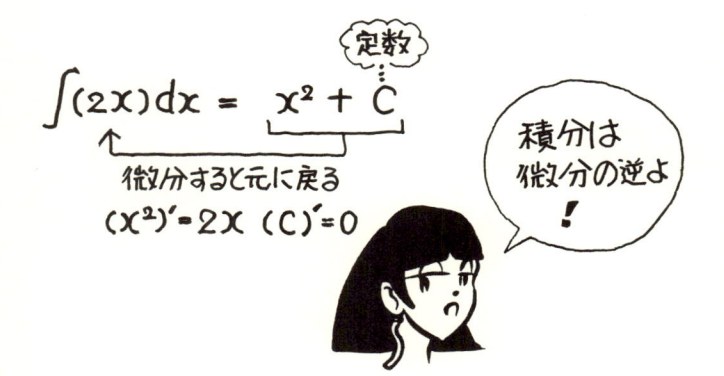

$$\int (2x)\,dx = \underbrace{x^2 + \overset{\text{定数}}{C}}$$

微分すると元に戻る
$(x^2)' = 2x \quad (C)' = 0$

積分は微分の逆よ！

★ R257　　　　　　　　　　　　　グラフ　その36

Q $\int (x^2 + x + 1)dx = ?$

A $1/3\,x^3 + 1/2\,x^2 + x + C$

xの2乗の積分は、まず2乗を1つ増やして3乗とします。次に、その3で割って、$1/3x^3$とします。微分はその逆で、$1/3x^3$を微分すると、3を前に出して3乗を2乗にするので、x^2となります。

このように、1つを積分したら、必ず微分して検算します。積分は微分を考えながら計算すれば、積分の公式を覚える必要はありません。

xの積分は、まず1乗を1つ増やして2乗とします。次に、その2で割って、$1/2\,x^2$とします。$1/2\,x^2$の微分はxになるので、OKです。

1の積分は、xとなります。xを微分すると1ですから、その逆です。

ついでに、Cを加えておきます。定数を微分すると0になります。ですから、Cが1でも2でも3でもいいわけです。Cがどんな定数でも微分すると0になって、元の式に戻れます。

以上を全部足し算すると、$1/3\,x^3 + 1/2\,x^2 + x + C$となります。

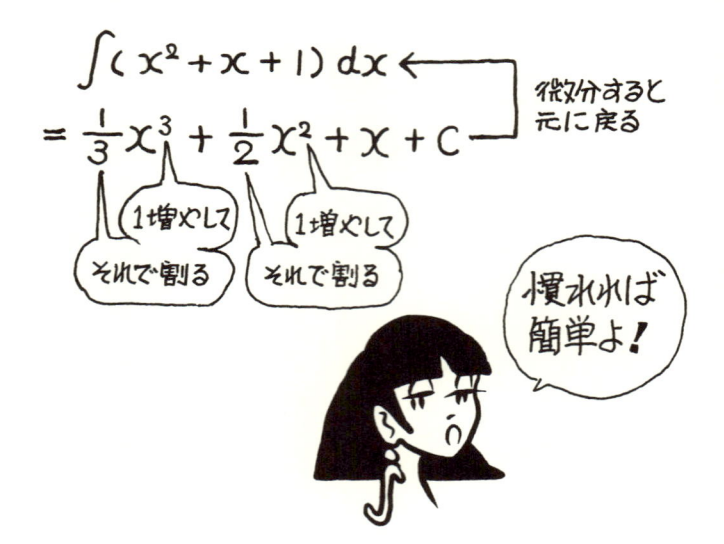

$$\int (x^2 + x + 1)dx$$
$$= \frac{1}{3}x^3 + \frac{1}{2}x^2 + x + C$$

微分すると元に戻る

「1増やして　それで割る」　「1増やして　それで割る」

「慣れれば簡単よ！」

★ R258 グラフ その37

Q $\int_1^2 x^2 \, dx = ?$

A $7/3$

まず、積分の式を出して、[ ] の中に入れます。

$$= [\, 1/3\, x^3 \,]_1^2$$

次に、x に2を代入した値から1を代入した値を引き算して、定積分の値を出します。2を代入した値が0〜2までのグラフと x 軸とで囲まれた面積、1を代入した値が0〜1までの面積となります。引き算するということは、1〜2までの面積を求めたことになります。

$$= (1/3 \cdot 2^3) - (1/3 \cdot 1^3)$$
$$= 8/3 - 1/3$$
$$= 7/3$$

数値を代入する際、式全体に入れて引き算するよりも、それぞれ別々に代入して、引き算する方式でもかまいません。こちらの方が手間が省けます。

$$= 1/3\,(2^3 - 1^3)$$
$$= 1/3\,(8 - 1)$$
$$= 7/3$$

$$\int_1^2 x^2 \, dx$$
$$= \left[\frac{1}{3} x^3 \right]_1^2$$

← [ ]の中を微分すると元に戻る

$$= \left(\frac{1}{3} \cdot 2^3 \right) - \left(\frac{1}{3} \cdot 1^3 \right)$$
$$= \frac{8}{3} - \frac{1}{3}$$
$$= \frac{7}{3}$$

$$= \frac{1}{3}(2^3 - 1^3)$$
$$= \frac{1}{3}(8 - 1)$$
$$= \frac{7}{3}$$

どっちでもいーけど…　　こっちの方が楽！

★ R259　　　　　　　　　　　　　　　　　　グラフ　その38

Q $\int_1^2 (x^2+1)dx = ?$

A 10/3

まず、積分の式を [　] の中に入れます。この場合、C は書く必要はありません。定積分では、どうせ C − C となってなくなります。

$= [1/3\, x^3 + x]_1^2$

次に、x^3 と x のそれぞれに、2、1 を代入して、引き算します。

$= 1/3\,(2^3 - 1^3) + (2 - 1)$
$= 7/3 + 1$
$= 10/3$

これは、x が 1 から 2 の間で、放物線 $y = x^2 + 1$ と x 軸で囲まれた面積を表しています。なぜなら、x 軸からの高さ $y = x^2 + 1$ と微小幅 dx をかけたものを、1〜2 の区間で足し算した式だからです。

$\int_1^2 (x^2+1)dx$ ← 微分すると元に戻る

$= \left[\dfrac{1}{3}x^3 + x\right]_1^2$ ← それぞれに代入

$= \dfrac{1}{3}(2^3 - 1^3) + (2 - 1)$

$= \dfrac{7}{3} + 1$

$= \dfrac{10}{3}$

の面積だよ

グラフ その39

Q xが0から1の区間で、$y = x^2$と$y = x - 1$が囲む面積は？

A 5/6

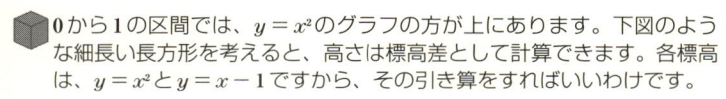

0から1の区間では、$y = x^2$のグラフの方が上にあります。下図のような細長い長方形を考えると、高さは標高差として計算できます。各標高は、$y = x^2$と$y = x - 1$ですから、その引き算をすればいいわけです。

　　高さ $= x^2 - (x - 1) = x^2 - x + 1$

細長い長方形の面積は、高さ×微小幅 dx ですから、

　　細長い長方形の面積 $= (x^2 - x + 1) \times dx$

となります。面積は、これを0から1まで足せばいいので、以下のような定積分の式で出ます。

$$\begin{aligned}
面積 &= \int_0^1 (x^2 - x + 1) dx \\
&= [1/3\, x^3 - 1/2\, x^2 + x]_0^1 \\
&= 1/3\,(1^3 - 0^3) - 1/2\,(1^2 - 0^2) + (1 - 0) \\
&= 1/3 - 1/2 + 1 \\
&= 5/6
\end{aligned}$$

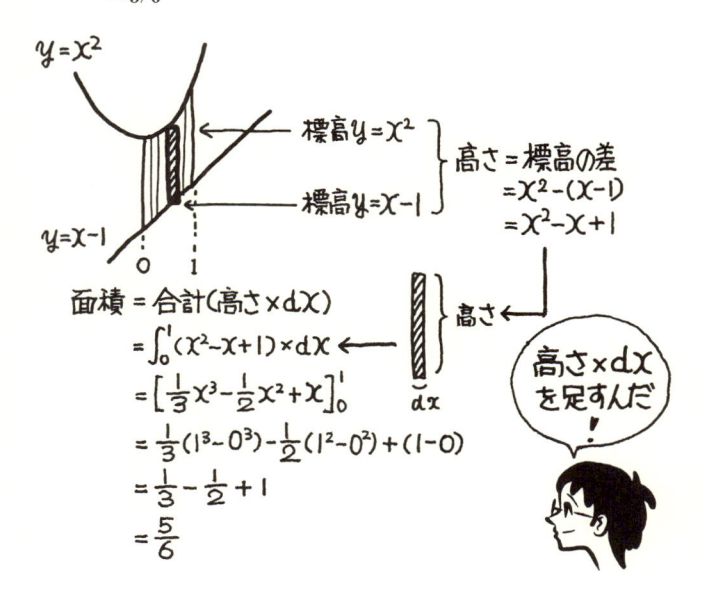

★ R261　グラフ　その40

Q 底円の半径 r、高さ h の円錐の体積は？

A $1/3\,\pi r^2 h$

円錐の体積は、1/3 × 底円の面積 × 高さですから、

円錐の体積 $= 1/3 \times (\pi r^2) \times h = 1/3\,\pi r^2 h$

となります。これを積分で出すことを考えます。下図のように円錐を横にして、頂点から x の点での半径を求めると、傾きが r/h ですから、

x の点での半径 $= r/h \cdot x$

となります。x の点での円の面積は、

x の点での円の面積 $=$ 円周率 $\times$ (半径)$^2 = \pi (r/h \cdot x)^2$

です。この円の面積に微小幅 dx をかけると、dx の幅の円盤の体積となります。

幅 dx の円盤の体積 $= \pi (r/h \cdot x)^2 \times dx$

この円盤が 0 から h まで重なると、円錐の体積となります。それは、0 から h まで定積分すれば求められます。

$$\begin{aligned}
\text{円錐の体積} &= \int_0^h \pi (r/h \cdot x)^2 \times dx \\
&= \pi (r/h)^2 \int_0^h x^2 dx = \pi r^2/h^2 \,[1/3\, x^3]_0^h \\
&= \pi r^2/h^2 \cdot 1/3 \cdot h^3 = 1/3\,\pi r^2 h
\end{aligned}$$

x の所での半径 $= \dfrac{r}{h} \cdot x$

傾き $= \dfrac{r}{h}$

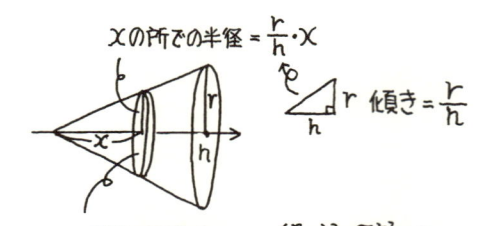

この円の面積 $S(x) = \pi \left(\dfrac{r}{h} x\right)^2 = \dfrac{\pi r^2}{h^2} \cdot x^2$

薄い円盤の体積 $= S(x) \times dx = \dfrac{\pi r^2}{h^2} \cdot x^2 \cdot dx$

スライス!!

円錐の体積 $= \int_0^h S(x) dx$ … 円盤の体積の合計

スライスして足すんだ！

$= \int_0^h \dfrac{\pi r^2}{h^2} x^2 dx = \dfrac{\pi r^2}{h^2} \int_0^h x^2 dx$

$= \dfrac{\pi r^2}{h^2} \left[\dfrac{1}{3} x^3\right]_0^h = \dfrac{\pi r^2}{h^2} \cdot \dfrac{1}{3} h^3$

$= \dfrac{1}{3} \pi r^2 h$ … $\dfrac{1}{3} \times$ 底円の面積 $\times$ 高さ

R262　グラフ　その41

Q 前項でxの点での面積の式を$S(x)$とすると、$S(x)$と体積の関係は？

A $y=S(x)$のグラフとx軸とで囲まれる面積が体積となります。

$S(x)$はxの地点での高さで、それに微小幅dxをかけたものが、細長い長方形の面積です。

　　細長い長方形の面積＝高さ×微小幅＝$S(x)\times dx$

それを0からhまで集めると、全体の面積となります。

　　全体の面積＝$(S(x)\times dx)$を0からhまで集める＝$\int_0^h S(x)dx$

下のグラフで、細長い長方形の面積＝$S(x)\times dx$とは、xの地点でのごく薄い円盤の体積に当たります。その円盤を集めて円錐にします。それが、グラフの上では0からhまでの面積に当たります。
積分とは、基本的にはx軸とグラフで囲まれた面積です。その面積を無数に細長くスライスした長方形の足し算で求めることができます。今回は、その細長い長方形の面積の合計に当たるのが、円盤の体積だっただけです。
高さの式が面積$S(x)$ですから、それに幅dxをかけたものが、薄くスライスした体積となるのです。高さの式が意味するものによって、長方形の面積の意味は変わりますが、積分がグラフの面積であることには変わりありません。

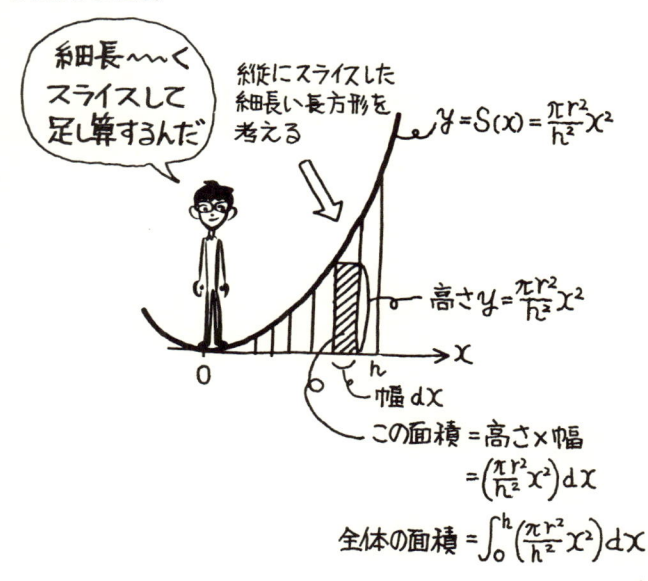

「細長～～くスライスして足し算するんだ」

縦にスライスした細長い長方形を考える

$y=S(x)=\dfrac{\pi r^2}{h^2}x^2$

高さ$y=\dfrac{\pi r^2}{h^2}x^2$

幅dx

この面積＝高さ×幅
　　　　＝$\left(\dfrac{\pi r^2}{h^2}x^2\right)dx$

全体の面積＝$\int_0^h \left(\dfrac{\pi r^2}{h^2}x^2\right)dx$

原口秀昭（はらぐち　ひであき）

1959年東京都生まれ。1982年東京大学建築学科卒業、86年同大学修士課程修了。大学院では鈴木博之研究室にてラッチェンス、ミース、カーンらの研究を行う。現在、東京家政学院大学生活デザイン学科教授。

著書に『20世紀の住宅－空間構成の比較分析』（鹿島出版会）、『ルイス・カーンの空間構成　アクソメで読む20世紀の建築家たち』『1級建築士受験スーパー記憶術』『2級建築士受験スーパー記憶術』『構造力学スーパー解法術』『建築士受験　建築法規スーパー解読術』『マンガでわかる構造力学』『マンガでわかる環境工学』『ゼロからはじめる［RC造建築］入門』『ゼロからはじめる［木造建築］入門』『ゼロからはじめる建築の［設備］教室』『ゼロからはじめる［S造建築］入門』『ゼロからはじめる建築の［法規］入門』『ゼロからはじめる建築の［インテリア］入門』『ゼロからはじめる建築の［施工］入門』『ゼロからはじめる建築の［構造］入門』『ゼロからはじめる［構造力学］演習』『ゼロからはじめる［RC＋S構造］演習』『ゼロからはじめる［環境工学］入門』『ゼロからはじめる［建築計画］入門』『ゼロからはじめる建築の［設備］演習』『ゼロからはじめる［RC造施工］入門』『ゼロからはじめる建築の［歴史］入門』『ゼロからはじめる［近代建築］入門』（以上、彰国社）など多数。

ゼロからはじめる **建築の［数学・物理］教室**

2006年12月10日　第1版　発　行
2025年 6月10日　第1版　第10刷

著　者　原　口　秀　昭
発行者　下　出　雅　徳
発行所　株式会社　彰　国　社

著作権者との協定により検印省略

自然科学書協会会員
工学書協会会員

Printed in Japan

ⓒ原口秀昭　2006年

ISBN4-395-00790-2 C3052

162-0067 東京都新宿区富久町8-21
電　話　03-3359-3231（大代表）
振替口座　00160-2-173401

印刷：三美印刷　製本：中尾製本

https://www.shokokusha.co.jp

本書の内容の一部あるいは全部を、無断で複写（コピー）、複製、および磁気または光記録媒体等への入力を禁止します。許諾については小社あてにご照会ください。